U0274549

GRANDS CRUS CLASSES
BORDEAUX FRANCE

法国波尔多红酒
品鉴与投资

钟茂桢（DANNY CHUNG）著

化学工业出版社
·北京·

波尔多位于法国西南部，典型的夏干冬雨的地中海型气候，让她成为最适合葡萄生长的地区。常年充足的阳光，更让波尔多拥有广大的葡萄庄园。许多人追逐着波尔多著名的五大酒庄及分级数酒，却很少人知道，颇负盛名的波尔多分级酒庄制度其实是源自于1855年的世界博览会，并与路易拿破仑有着一段密不可分的历史渊源……

此外，多数的波尔多酒庄均拥有上百年的历史，你知道这些酒庄如何经历战乱却仍然能保存下来；经营权不断在各家族及企业中转移，至今却依然能屹立不倒。本书收录一百余家的法国顶级酒庄，搭配精彩的图片，带领你一同领略古老酒庄的神秘风采。更有葡萄酒价格，提供收藏及投资者第一手讯息。

图书在版编目（CIP）数据

法国波尔多红酒品鉴与投资 / 钟茂桢著 . —北京：化学工业出版社，2013.2
ISBN 978-7-122-15258-9

Ⅰ．①法… Ⅱ．①钟… Ⅲ．①葡萄酒－鉴赏－法国
Ⅳ．① TS262.6

中国版本图书馆CIP数据核字（2012）第208531号

原繁体版书名：法國波爾多頂級酒莊巡禮（修訂版），作者：鍾茂楨
ISBN 978-986-248-148-6
本书中文简体字版经授权由化学工业出版社独家出版发行。
未经许可，不得以任何方式复制或抄袭本书的任何部分，违者必究。

北京市版权局著作权合同登记号：01-2012-8692

责任编辑：郑叶琳　余　慧　　　　　　装帧设计：尹琳琳
责任校对：陈　静

出版发行：化学工业出版社（北京市东城区青年湖南街13号　邮政编码100011）
印　　装：北京佳信达欣艺术印刷有限公司
787mm×1092mm　1/16　印张25　字数442千字　2013年2月北京第1版第1次印刷

购书咨询：010-64518888（传真：010-64519686）　　售后服务：010-64518899
网　　址：http://www.cip.com.cn
凡购买本书，如有缺损质量问题，本社销售中心负责调换。

定　　价：128.00元　　　　　　　　　　　　　　版权所有　违者必究

Preface 推荐序 │ 1

For more than 20 years, Danny CHUNG has brought to Taiwan finest wines and spirits from all over the world and especially from France. With commitment and dedication, he constantly introduces what wines growers have best to offer to the Taiwanese consumer.

But Danny's dedication doesn't stop at the wine shop: he also shares his passion for oenology with wines lovers by publishing various books about all the knowledge he patiently accumulated during these two decades.

With his new work on "Grands Crus", Danny Chung brings to Chinese Taipei the best of the best from French Chateaux. Grands Crus is an invitation to a wonderful discovery trip across some of the world finest vineyard that produce this very select wine category. Danny helps us learn to recognize and savour the very subtle characteristics that define fine wine tasting.

Finally, I would like to take advantage of this preface to congratulate Danny Chung one more time, not only having brought a little of France for more than 20 years but also for the release of this extraordinary book!

巩得珣
CLAIRE CAMDESSUS

先要恭喜Danny这位葡萄酒业界的资深元老又出书了！Danny可称得上是全方位葡萄酒达人，并身兼数职——是餐饮专家、是进口商，也是各大学院的老师，近年来还投入专业写作，对产业及消费者贡献非常之大。

Danny看上来和"资深"这两个字有些距离，因为看起来实在太年轻了。我推测只有一个可能性——就是葡萄酒的抗氧化功能在他身上发挥得淋漓尽致。以Danny在业界的经验资历，可称得上是葡萄酒的先驱。

在此时出书，正好符合趋势，因为数字会说话。中国台湾进口葡萄酒在千禧年前后触及谷底，但自2001年开始，每年进口量不断增长，法国葡萄酒更是稳定地占总市场量的五成左右。新的族群不断进入葡萄酒世界，进口商寻求不同葡萄酒以满足消费者需求，台湾地区的消费者很幸运地可以享受到不同国家、不同种类的葡萄酒；以法国而言，有十几个产区的葡萄酒都可以买到。喝葡萄酒很重要的一点是，消费者会因尝试多了，而不断寻求口感更复杂的葡萄酒，终究有一天会进入顶级葡萄酒的世界，这本书也刚好符合此项需求。

欧洲人酿造葡萄酒已有几千年的历史，经过不断地尝

试、改良，从土法炼钢一直到有现代科技的辅助，波尔多一直是世界上数一数二的最佳产区，也是被模仿的对象。然而，葡萄品种虽然可以在其他国家种植，但波尔多的自然环境却是无法复制，严格的法定产区规定也是独一无二的，业界精英的知识累积更是无法在短时间内学到；可谓集合了天时、地利、人和的因素，所以波尔多就是波尔多，专家多年的肯定及赞赏，没法不服气。

2006年11月，久违我国台湾地区近十年的波尔多特级葡萄园协会（Union des Grands Crus de Bordeaux）再次来台举行品酒会。中国台湾为这趟亚州之行的重点地区；第一站趁还精神饱满时就来到台北，其一是见到台湾近几年法国葡萄酒进口量屡屡创新高，其二则是通过葡萄酒商，各顶级酒庄了解到中国台湾消费者不断在葡萄酒等级上要求、成长，进而肯定台湾是一个极重视品质的市场。协会代表非常谦虚但自信地说："波尔多顶级酒庄象征的不只是品质，还有独一无二的人文历史背景及故事，是无法被取代的。而这些特质也是令人津津乐道的附加价值。"

每当我面对面与顶级酒庄主人会晤时，对于葡萄酒或市场，我们还能做双向沟通，但提及酒庄的历史、理念时，我就插不上话了，完全被带领到令人尊敬的历史故事中。我常想，如果有人愿意花时间整理顶级酒庄资料，再以台湾习惯的方式表达，将会是一大功德，此希望终于实现。

看到Danny的手稿厚厚的几百页——他在百忙之中抽空整理出这么多的资料，真是深感佩服。读完本书后，建议您不妨挑出几种印象最深刻酒庄的美酒，试试搭配不同的饮食，仔细体会其感受；毕竟葡萄酒是要用来和美味佳肴搭配的。

法国食品协会台湾地区总经理
童雪筠

Preface | 自序

　　从事酒类事业及国际贸易近30年，因工作上需要，自己也喜爱旅游，也为了多了解有关于酒的信息，足迹遍及世界各地生产著名酒类的国家，参访过无数的酒庄及酒展。这期间，也从事酒类的进口，并曾在许多大专院校和高职旅游专业讲授有关酒类的课程，不断地研究、充实酒的知识，并推广品味之饮酒文化，希望借由自己小小的力量，能带动人们饮酒文化的提升，让饮酒文化成为健康的、欢悦的、正面的。

　　多年来心中有许多的"为什么"？为什么世界上只有一个波尔多？为什么波尔多闻名于世？为什么波尔多可以酿造出如此佳酿？为什么波尔多顶级酒庄的酒可以卖到如此高价？这些年来，我开始收集并研读有关波尔多顶级酒庄的资料，并且亲自拜访各酒庄，试饮其酿造的葡萄酒。在多次与庄园主人或经理人或酿酒师交谈中，以及与国内外从事酒类人士及葡萄酒爱好者、收藏者相互交换意见之后，得到了许多相当好的答案。

　　为了将这些答案分享给更多人，我开始着手编写此书。虽然市场上也有许多介绍波尔多顶级酒庄的书籍，但大多数都是英文版或法文版，且有些数据也已过时，即便可以找到中文版，也大多是片段，不尽完整。

　　况且，翻开所有的酒类杂诗、酒书、酒评书，几乎千篇一律都是欧美的书籍，而且均以欧美人的眼光、品味及论点来对葡萄酒的质量做评论，甚至连食物的搭配也以欧美菜肴及烹饪过程为主，如烤肉、牛排、羊排、鸵鸟排或焗烤海鲜；即便是甜酒，也是搭配西式奶酪等，完全没有中式糕点。孰不知葡萄酒已进入亚洲和华人市场及日常生活超过30年，期间却没有一位亚洲人或华人，以自己的观点、品味及食物的搭配来做比较及诠译。何况，亚洲人的食物与饮食习惯与欧美人有天壤之别；而大中华圈里的美食佳肴更是令人赞赏，地大物博、东西南北之菜肴大相径庭，各具特色，煎、炒、煮、炸、炖、焖、烩、蒸等做法，加上酸、甜、苦、辣、咸等各种味道，色、香、味、觉样样皆有，而这些千变万化的饮食文化，不是一般欧美人士可以理解的。

　　其实，饮酒本来就很主观，每个人的口感及味觉均不同，喜好也不同，不能一言以蔽之。何况喝的时机、场合、气氛、时间以及酒在陈年后开瓶，开瓶以后多久饮用，储存的环境、温度等，都会影响酒的质量。

　　基于上述理念，我想该是时候，用我们自己的论点分析、探讨、研究这些世界著名、有着几百年历史的波尔多顶级酒庄，而不再一味地跟着欧美人士的脚步，毫无主见地追随。

　　也因此，非常希望通过本书的出版，能带给读者下列几点收获：

　　1.对世界著名的波尔多顶级列级酒庄有概括的认识。

　　2.对葡萄酒历史文化的认识与欣赏。

　　3.对葡萄酒顶级酿造工艺的了解。

　　4.作为顶级葡萄酒的购买指南（价格、质量、特色）。

　　5.作为葡萄酒爱好者、收藏者、进口代理者；餐饮业服务人员；食品专业老师、学生的工具书。

　　6.去除对波尔多顶级酒庄的盲目追求。

感谢下列人士之协助

法国JOANNE公司 MARIE LINE小姐

法国BARRIERE公司 THOMAS ARNAUD先生

法国L.D.VINS公司 LAURENT BONNET先生

法国DUBOS公司 NICOLAS GLON先生

法国MAHLER BESSE公司 LAURENT DELASUS先生

法国在台协会经贸组农业食品部门主管 巩得珣小姐

法国食品协会台湾地区总经理 童雪筠小姐

钟君怡小姐 曾任职于台北凯悦大饭店
　　/现任中华航空公司空乘员

中国台湾山岳文化总编辑胡芳芳与林慧美小姐之
督促与鼓励

谨此致谢！

作者简介

钟茂桢（Danny Chung）
2008年获颁法国国家骑士勋章
中国台湾酒类商业同业公会联合会副会长
法国波尔多BONTEMPS葡萄酒协会荣誉会长
高雄市酒类商业同业公会名誉理事长
台北市调酒协会名誉理事长

　　美国堪萨斯州州立大学商业管理硕士研究班结业，曾任台北市调酒协会理事长、法国食品协会（Sopexa）讲师、大专院校观光科教师，以及台北市政府职训中心观光餐旅科讲师。于1977年进入酒界，近30多年来足迹踏遍世界五大洲产酒国家，来回欧洲数十趟，造访法国、西班牙、德国、意大利等近千家酒庄，品尝过上万种葡萄酒，品酒足迹踏遍加拿大、美国、智利、阿根廷、南非、澳大利亚、新西兰等国家各产区的酒庄及葡萄园，以及我国新疆天山及辽宁等，参加过无数次世界前五大之尼德堡葡萄酒竞标拍卖会（Nederburg Wine Auction）。

阅读本书附加说明

一. 中文译名

为尊重法国酒庄的历史，尽量以法文发音为准，并让读者了解法文之读法，如无法正确以法文译音，则以英文为辅。因为有许多酒庄，初期都是由英国人所创建或拥有，因此名称也以英文的家族姓氏为主。而由于历史原因，15世纪以前法国的阿奇旦（Aqutaine）属于英国领地之一。

二. 书中出口价格

本书以2010年至2011年的价格为准，有些酒庄价格调涨相当快，但大部分酒庄价格都较为平稳。特别值得一提的是，虽然2009年的价格已被市场炒至天价，但2010年才创历史之新高。

三. 书中酒庄的基本资料

1.葡萄园区有可能变化——增大或缩小。

2.生产量每年不完全相同，丰收或歉收，与气候或市场情况等都有关系。

3.为何用"古堡"一词，而不是城堡？

(1) 因为具有历史意义及古老的建筑，故称为"古堡"。

(2) 因为大部分酒庄的建筑物都没有城墙，依中文的解释，有墙才称为城堡。

Contents　目录

Preface | 前言

葡萄酒的风情

年纪稍长的人，尤其是小时候生长在乡村的人，都有这样的回忆——许多家庭的前后院都围绕着葡萄园，而葡萄藤爬满了屋前及屋后，绿意盎然，交织成一幅美丽的景象。随着我国台湾经济起飞与快速的都市化，乡间、田野已经很少看到这种让人赏心悦目的景致；而小时候看着葡萄开花、结果、等待串串葡萄成熟的情景，边采边吃及在葡萄园下休憩、悠闲快乐的经验，也是现代人无法体会的。

爸妈会将采收过多的葡萄，用祖先传下来最简单、最传统的自家方式酿造成葡萄酒，就像现在台湾各原住民村落自家酿造的小米酒（露）一样，没多久就可以开始饮用。低酒精含量，甜中带酸，丰富的葡萄果香，可算是当年生活少有的一种享受。而这些葡萄品种，有些是由日本引进我国台湾的，有些则是野生品种，也有的是食用葡萄；但不管是什么品种，都不影响当年人们对于葡萄及葡萄酒的喜爱，以及它所带来的欢愉气氛、

葡萄是大自然的产物，阳光使葡萄成熟而产生天然葡萄糖。

幸福的感觉、妈妈的味道，还有那种与左邻右舍分享的乐趣。

自1987年我国台湾葡萄酒开放进口20年来，市场经历了多次的洗礼、重整，如今大家对于葡萄酒有了一些初步的概念及认识，但距离普级化的认知阶段，尚有一大段漫长的路要走，毕竟欧美等先进国家在葡萄酒历史的发展中，已经历了几百年甚至上千年之久，葡萄酒发展史也已成为欧美各国文化中不可或缺的部分。由此可知，葡萄酒文化与人类进步文明的过程，可说是息息相关、密不可分的，它已成为人们生活的

葡萄酒的甜味来自酒精、甘油及未发酵的糖，各种葡萄酒的甜味差异颇大。

一部分。

我们可以说，葡萄酒是美妙的、精致的、丰富的、知性的，它有如画般地赏心悦目，如音乐般的隽永悦耳动听；多一次对葡萄酒文化的接触与了解，就多一分感动；尤其是位于欧洲的每个酒庄，都有其辉煌的过去，有些甚至还有沧桑及艰辛的历史过程，它们有着诉说不完的故事，包括了家族、社会……经历了上百年甚至上千年的岁月。

因此，我们所品尝到的不单单只是一瓶葡萄酒，它包含了多少人生当中的深层意义、历史文化的结晶。葡萄酒的酿造工艺，就如同瑞士的钟表工艺、德国的汽车工艺、意大利之建筑艺术，驰名世界，令人惊叹，历久弥新。

红葡萄酒的颜色来自其果皮，连同果皮一起发酵而得。

波尔多顶级分级酒庄

波尔多顶级分级酒庄，是葡萄酒的典范。波尔多的指标及象征，更是法国葡萄酒文化最重要的一环，已经不能以一般的葡萄酒来看待。它是一个历史，蕴含了丰富的文化内涵，必须从更深远的角度去探索其遗留下来的珍贵资产，包括人文、地理、建筑、艺术等更深层的意义，而不是一味地吹毛求疵地研究、解读其品质。

其实，品质只是象征性的意义，全世界各个生产葡萄的国家，如新世界的南非、澳大利亚、智利等，也有很多的高级佳酿，品质也臻完美，不亚于这些波尔多的知名酒庄，但偏离了这些历史主题，恐怕只会造成更多的迷失与加州膜拜酒（Cult Wine）的出现。此外，若要以酒质作为

波尔多顶级分级酒庄，是葡萄酒
的典范。

判定优劣的主因，波尔多有许多"准特别级"（Cru Bourgeois）的酒庄，生产的酒质远远超越部分顶级分级酒庄。

也许有人会问，为何在顶级酒庄中，独漏波美候产区（Pomerol），波美候产区不是也有几家世界知名的酒庄吗？但是笔者认为，那些近年来著名的天价酒，其实不属于法国人于1855年所创造的葡萄酒历史，而是靠着这些年来所谓欧美知名的酒评杂志、酒评书籍，刻意且极尽所能地推捧而造成的风潮，感觉反而像是美国人与英国人的酒庄了。

许多富豪心满意足地以超高价格购下这些酒庄生产的酒，并将之当成奇珍异宝；也为了一偿凤愿，带着欢喜的心情搭机前往法国波尔多，参观心目中向往的天价酒庄，却在抵达现场时，差点没有当场气结，失望之情，溢于言表。之前花天价买来的酒，产地的酒庄不但看不到华丽、雄伟的古堡，也没有特别的历史意义，更夸张的是建筑物只有农舍般大，如车库般的酿酒地方，葡萄园面积也小得可怜，充其量只能称为车库酒窖；而这些酒庄竭尽所能地改变传统酿酒方式，只为迎合所谓主流酒评家的品位，挑战与颠覆波尔多的历史与传统。

笔者当然肯定波美候各个酒庄的努力，它们也酿造出某部分人喜爱的杰出酒质。但如果依照这个逻辑，当这些所谓权威酒评书、酒评杂志及酒评专家厌倦了这些产区，或是他们的口味改变了，是不是可以另结新欢，寻找另一个地区，再口吐莲花地吹捧，再造传奇？少了历史传统与文化的价值，它代表的是何种意义？不就是现代神话与富人之间的金钱游戏吧！

部分波尔多知名酒庄与智利、美国合作生产，并顶着知名酒庄的光环行销。若依此论点，是否也可以将中国宝贵历史遗产——故宫及长城复制在法国的土地上，或将法国珍贵的葡萄酒文化搬到中国来，亦或将埃及的金字塔在美国重塑呢？那么，历史文化的价值何在？

葡萄酒业的一句名言："A winery without history is like a wine without character."

波尔多的顶级分级酒庄在经历了上一世纪的第一次、第二次世界大战及许多不确定年代的种种因素，已衰落了好长一段时间，而能够再度起死回生，再见昔日光芒，最主要的是战后安定的生活，人们开始追求富裕生活以后的奢华。几十年来，在所谓的欧、美主流酒评杂志及酒评书籍等的推捧、大做文章，且极尽能事地歌颂赞美下，让它们水涨船高；再者，第二次世界大战后，因日本经济快速发展及亚洲四小龙的崛起，加上近年来世界四国金砖发威，尤其是中国经济的突飞猛进，创造了许许多多的财富新贵，他们不但追求时尚、名牌，也享受奢华。葡萄酒亦不例外，尤其是波尔多的顶级酒庄酒，更是许多新贵及权贵富豪的最爱及追求的目标，也是在社交场合中炫耀身份、地位、金钱、权势的工具。有些人是为了满足拥有的虚荣心，有些人是为了个人嗜

特定葡萄园所生产的葡萄酒，从葡萄栽种到装瓶都是在该园内完成。

波尔多葡萄庄园的酒窖，阳光照射不到的地窖是最佳储酒处。

好而收藏，但也有大部分的人是基于较现实面，购买作为投资赚钱的工具。不管目的是什么，但就是这些种种因素，造就了这些顶级酒再现光芒。

对于波尔多顶级酒庄，其实并没有太多人真正知道它的历史，应该也没有多少人在乎它的历史；为什么1855年的梅多克产区（Médoc）及索泰尔讷与巴萨克产区（Sauternes & Barsac）、1932年的圣埃米利永产区（Saint-Émilion）、1953年的格拉夫产区（Graves），会被评为顶级分级酒庄？有多少人曾经质疑过，为何150年后的今天，特别是梅多克及索泰尔讷、巴萨克产区，这些酒庄均已人事全非，完全不是当初的面貌，但却仍然顶着当年的荣耀与光环，如神话般地无法撼动，为何不曾对它们再重新评价呢？

虽然如此，但人们仍在不断盲目地疯狂追求，特别是对特定酒庄、年份、品质、价格的迷失，令人啼笑皆非；有些真正喜爱葡萄酒的人，对于这种超高的单价，也只能望不可及，而无缘一亲芳泽，真是令人扼腕。我们面对这些法国历史文化遗留下来的重要资产时，是不是应该更理性地省思价格与价值之间所呈现的意义，而不再是盲目地追逐，才不至于贻笑大方。

波尔多 *Bordeaux*
葡萄酒产区

梅多克
Médoc

圣爱斯泰夫
St. Estèphe

吉龙德
Gironde

波亚克
Pauillac

圣于连
St-Julien

上梅多克
Haut-Médoc

Margaux

波尔多
Bordeaux

格拉夫
Graves

巴萨克
Barsac

索泰尔讷
Sautermes

多尔多三星
DORDOGNE

利布尔纳
LIBOURNE

圣埃米利永
St-Émilion

PART 1 波尔多葡萄酒概论

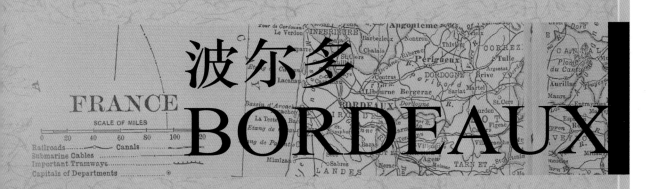

波尔多
BORDEAUX

　　法国大文豪雨果曾将波尔多比拟为"巴黎近郊的凡尔赛宫"。波尔多位于法国西南部，典型的夏干冬雨地中海型气候，让它成为最适合葡萄生长的地区。常年充足的阳光，更让波尔多拥有广大的葡萄庄园。许多人追逐着波尔多著名的五大酒庄及其分级酒，却很少人知道，颇负盛名的波尔多分级酒庄制度其实是源自1855年的世界博览会，并与路易-拿破仑·波拿巴有着一段密不可分的历史渊源……。

　　分级制度原意是要让不懂酒的人方便购买，但过度的媒体渲染却让分级制度失去原有的参考价值，本篇章依"历史背景"、"环境与土质"、"法定产区"、"葡萄品种"、"分级制度"等诸多方面来介绍波尔多葡萄酒，带你走入醉人的波尔多酒乡。

历史背景｜
HISTORICAL BACKGROUND

波尔多的历史发展

经历了几百年的历史变迁，波尔多已不再是一个狭义的概念，也不再只是法国人的波尔多，而是创造葡萄酒历史的"葡萄酒首都"，也是法国人及全世界更重要的历史遗产。

公元1152年，阿奇旦公国的女公爵亚莉艾诺（Alienor d'a Quitaine）与英王亨利二世结婚，成为英国的皇后，原本属于阿奇旦公国的波尔多，也随着阿奇旦公国成为英国领土，就此开始了对英皇的忠诚拥戴，也同时接受英式的思维。这样的改变带给了波尔多另外一种和谐与融合的观念，有别于法国其他的各地区，并且以坚定的意志往前迈进，开起了海上之路与各国间的贸易往来。波尔多虽然已是商业城市及天然的良港，但英国人为了波尔多长期的发展，而给予更多建设性及革命性的改变。在英国人的长期发展政策之下，于1270年的时候，以全新的波尔多城镇及港口，展现在人们的眼前。

300年的英国统治，以英、法百年战争之后的1453年终告结束，波尔多重新回到法国怀抱。在这期间，经历了政治因素带来的经济困难时期，耗费很长的时间才得以解决，而后又重新开启贸易之门。一开始，只是与英格兰、苏格兰、爱尔兰的贸易，后来则扩大到另外一个海上强国荷兰，甚至西印度群岛等其他国家，也开创了波尔多对外贸易的新页。

波尔多酒庄的演进

18世纪是波尔多酒庄文化开创期，可以看到一个接一个的酒庄（Château）如雨后春笋般地兴起，其因在于当时的皇亲国戚及贵族们建立起葡萄酒庄园的体制，这种体制带给波尔多独有且富有特色的酒庄文化。接着富有的酒商及葡萄园主人也开始跟进，而这结构体制也给波尔多带来了丰富旺盛的生命力，顽强地抵抗社会与政治的动乱。虽然在法国大革命期间（1789年至1799年），有许多的庄园易主、更名。甚至于一八一五年拿破仑在滑铁卢之役的战败，造成庄园主人被放逐或流亡海外，丧失庄园或被没收，但最终还是回到原来主人手上，我们可以从许多庄园的背景故事中得知这段历史。

"后拿破仑时期"是另一个重要历程，有许多人在这段期间，因与西印度群岛生意往来而致富，这些新富商阶级成为酒的中间商（Negociant）、贸易商或庄园主人，而大部分的家族或公司都能一直持续到百余年后的今天，仍然维持着原来事业版图，屹立不摇。

1853年，巴黎到波尔多之间的火车开通，也更促进波尔多葡萄酒在整个法国市场

波尔多的许多酒庄均完整地保留了数百年前的建筑物，左图为拉图酒庄的建筑物。
右图为拉斐酒庄所产的酒，也在1855年被评鉴为一级酒庄。

销售的繁荣景象，两年之后，则是波尔多葡萄酒的另一个转折点——著名的波尔多顶级分级酒庄制度，在1855年巴黎世界博览会前被评定确立。从此让波尔多挥别晦涩、黯淡无光的时期，开启了好长一段时间的荣景；酒商、庄园人也同时为美好前景而持续努力，创造了波尔多葡萄酒的辉煌历史。

但好景不长，1878年葡萄虱虫害的侵袭，带来了灾难，重创了波尔多葡萄酒产业，葡萄园庄主以无比的强韧意志与病虫害做长期的战斗，一直到将近19世纪末的1895年，才渐渐结束灾难。接下来的重建工作，就是重新栽种培育，但天不从人愿，新世纪才开始没多久，第一次世界大战就在整个欧洲蔓延开来。

动乱及动荡的年代，物质缺乏，大家节衣缩食节俭的过日子，战争于1918年结束，但跟随而来的是全球经济大萧条的黑暗时期，持续了很长的日子，大多数的波尔多酒商及庄园，都面临着崩溃的命运。更糟的是，令人震惊的第二次世界大战又接踵而来，战火几乎波及全球各地，直到1945年，战争终于结束。

此时，波尔多才终于能开始对被疏忽很久的庄园展开重建工作，全新的气象在20世纪60年代达到最高点，但投机分子也不断充斥其间，造成市场混乱。接着，致命的打击又再度来临。1973年的世界石油危机，深深地影响了全球的经济，波尔多的葡萄酒再度面临重挫，冲击到尚未健全的波尔多葡萄酒市场，虽然1980年之后，也酿造出不少年份的佳酿，但仍然让波尔多的酒商及庄园留下了大量的库存。

拥有悠久历史的波尔多酒庄，历经战火依然矗立不倒。图为碧尚-拉龙（Pichon-Longueville-Baron）酒庄。

所幸这20年来，由于亚洲各国经济的快速崛起，大量的新贵、富豪消化掉储存已久的陈年顶级佳酿，波尔多顶级葡萄酒的价格也在这几年节节上升，这让波尔多的酒商及庄园展露出前所未有的灿烂笑容，再度开启了波尔多的春天。

地理环境与土质
GEOGRAPHY & SOIL

地理环境

　　波尔多（Bordeaux）位于法国之西南方，濒临大西洋，离巴黎大约600公里，其北方约120公里处便是世界著名的"干邑"（Cognac）白兰地产区，其南方的150公里处为另一个世界著名的"雅邑"（Armagnac）白兰地产区。两条河流经波尔多，一条是由法国中部流入的多尔多涅河（La Dor dogne），另一条是由西班牙蜿蜒流入波尔多的加龙河（La Garonne），这两条河流在波尔多交会后，变为河面较宽的纪龙德河（La Gironde），将波尔多分成左右两岸，左岸（Left bank）统称为"梅多克产区"（Médoc），右岸（Right Bank）统称为"圣埃米利永产区"（Saint Émilion）。多尔多涅河及加龙河中间地带为第二大产区（Entre-Deux-Mers）、优质产区（Bordeaux Superieur）、第一级产区（Premières Côtes de Bordeaux）等；此三区为生产一般A.O.C的产区。而加龙河左岸为世界著名的白酒与贵族甜白酒产区，包括了索泰尔讷（Sauternes）、卡迪亚克（Cadillac）、格拉夫（Graves）、佩萨克-雷奥良（Pessac-Léognan）等，当然也生产驰名于世界的顶级红酒，譬如波尔多五家知名酒庄之一的Chateau Haut Brion就在PesSac-Léognan。

　　右岸产区包括了纪龙德河（La Gironde）右岸的布尔区（Côtes de Bourg）及布拉伊区（Côtes de blaye）两个次知名的产区，以上涵盖了整个波尔多产区。

波尔多位于法国西南部，典型的地中海型气候十分适合葡萄生长。图为由空中俯瞰的吉事客酒庄。

波尔多的地理位置在北纬四十五度，也就是气候最适合种葡萄的地方。虽说如此，但事实上波尔多的气候，春季、秋季都算温和的，但在夏季常有大西洋所带来的暴雨；在酷热的夏季，暖流严重影响着河湾流域两岸，而冬季是个湿冷型的气候。

土质

波尔多的土地，概括来说，包含了砾石、砂石、硅质土、黏土、石灰石等，而这些土质的形成，都有其历史遗迹可寻。砾石及砂石的形成是来自万年前的渐新世（Cenozoic）的第四世（Quaternaire）期间，由西班牙到法国中央山地流经波尔多格拉夫（Graves）产区的加龙河（Garonne），汇入梅多克（Médoc）产区的纪龙德河（Gironde）冲刷下来的大量砾石、砂石堆积而成，布满了波尔多的左岸产区。

黏土、石灰石同样也源自更早渐新世的第三世（Tertiare）期间，距今约三千万年前所堆积成的石灰石及石灰质黏土，而这些土质地较大部分在波尔多右岸产区的圣埃米利永（Saint Émilion）。

依据波尔多百年来的栽种经验来区分，赤霞珠（Cabernet Sauvignon）葡萄品种较适合种植在砾石、砂石地、排水性良好、贫瘠的土质上。白天充足的阳光照射在砾石产生热能，让葡萄吸收储存，夜间干凉的气候，则让葡萄可适当地调整酸度。日夜较大的温差，使葡萄产生深红色泽与丹宁酸，因此在梅多克及格拉夫地区就种植比率较高的赤霞珠，其中也包含了与赤霞珠相近的品丽珠（Cabernet Franc）品种，虽然种植比率不同，但葡萄酒的调配上是不可或缺的。

而美乐（Merlot）葡萄品种在右岸圣埃米利永产区的种植比率就非常高，恰恰与左岸梅多克产区相反，当然这也是种植经验后的调整，因圣埃米利永地区有较多的黏土、石灰石土质，土质条件相当差，但生命力强韧的美乐可以在这黏湿、密不透气的黏土质中生长，并可酿造出柔美、细致的葡萄酒；圣埃米利永产区的葡萄因天候较凉的关系，通常需较晚采收。此外，品丽珠在此产区种植的比率也不低，有些酒庄的种植比率可达35%～40%，甚至更高，它代表了品丽珠同样也是有着坚韧的个性，才能在此种环境中生长。

其实，波尔多各个产区的土质比上述复杂，上述所提只是一个概括，还有如硅质结合了硅酸质石灰土底、深层砂砾石伴随石灰岩土底，以及砾石底层为黏土石灰岩底土等土质状况；何况有些酒庄的大型葡萄园区，也无法拥有完全相同的土质。不可否认地说土质对葡萄的栽种是相当重要的，在正常的气候下，土质才能发挥其应有的特质及

功效，但是葡萄的培育管理及酿造技术，必须加上气候因素，才是成败的关键，更重要的是要如何达到葡萄酒的最佳平衡与协调 ，这些都不是单一环节就可以成就的。

赤霞珠适合种植在以砾岩为主的土质中。
右图为芭内-杜克（Branaire-Ducru）酒庄葡萄园一景。

法定产区 |
APPELLATION

法定产区原产地管制法A.O.C.

"appellation"的法文是"名称"或"称号"之意，而法定产区的概念形成，则是在第一次世界大战之后，快速地在法国推展开来。1935年，由法律有效地订出制度，也就是在我们所熟知的"法定产区原产地管制法"（Appelation d'Origine Controlee，简称为A.O.C.），但一般都会缩写成Appelaton Controlee，简称为A.C.。

为什么当年此一构想及制度，会如此迅速地制定完成？最主要的原因在于当时的葡萄酒生产过剩，价格下杀的低价位劣酒与赝品充斥市场，严重影响法国的声誉，为了保护知名的优质葡萄产区及生产庄园，并清除当年因葡萄虱虫传染病害时与美国及其它欧洲国家接枝杂交的混种品种等，所选择的方法。

法定产区原产地管制法中还有许多相关的规定，列举如下：

一. 确立产区名称。

二. 确定栽种葡萄品种。

三. 具体明确说明每公顷（注：1公顷＝1万平方米，后同）栽种葡萄树的密度。

四. 确立每公顷的最高结果串量。

五. 确立葡萄酒最低酒精含量，在采收不佳的年份，甜分不足时可以加糖酿造（chaptalisation），增加酒精含量。

六. 生产庄园必须申报每年的生产量及库存数量给产区的生产者联合组织。

除了上述制式的规定外，还有其它繁复的细节必须遵从，而这些事务由国家原产地管制协会来制定及监督。

法定产区的问题点

虽然如此，但在制定及实施的过程中，曾面临许多的问题及争议。

第一是产区区分：例如在格拉夫（Graves）产区里的两个知名产区雷奥良（Léognan）及佩萨克（Pessac），原先用格拉夫产区，后来于1984年经讨论妥协后，各自加上自己产区的名称，然而在1987年的一番激辩后，将两个产区变为一个产区，瓶标上印上"Pessac-Léognan"，但还是加上了格拉夫。另两个知名甜白酒产区索泰尔讷（Sauternes）及巴萨克（Barsac）也有同样的问题，巴萨克产区可将生产的酒称为巴萨克或索泰尔讷。

第二是葡萄栽种密度：每个产区及庄园的土质及地形的不同，如何确实认定，一直有其争议 。

第三是采收量：量与质之间的关系，一直是讨论及争议的重点，是不是量大就表示会降低质量，量少就能提升质量呢？可能是现代化的科技协助，除了气候太差之外，葡萄的生产量是一年比一年多，甚至比原先制定的量要高出许多。

第四是酒精含量：一般人通常会有些迷茫，是不是酒精含量高就代表有质量保证？加糖酿造是不是一个好的方式？非常有趣的是，在波尔多有几个杰出年份所生产的酒，酒精含量均比一般的酒低。

上述许多争议性的规定，在实施的过程中有一定的困难度，据说在20世纪80年代之后，已经重新检视与修订为较具弹性的办法。

A.O.C.法制定的目的是为了保持法国每一个葡萄酒原产地的优良品，适用法国全国生产葡萄酒的地区。图为瑚赞-塞格拉（Rauzan-Ségla）酒庄产品。

葡萄品种 | GRAPE VARIETIES

红葡萄 RED

一.赤霞珠（Cabernet Sauvignon）

这是世界性的品种，同时也是波尔多梅多克及格拉夫地区的主要品种，特别是顶级酒更为不可或缺，可酿造出艳丽的深红色泽及显著的香气。如果呈现黑醋栗般的果香，年轻时丹宁会较强，但几年后，达到成熟期时，却有着柔和平衡的协调性及多种复杂的气息。此品种葡萄皮较厚，也较晚熟，产量相较其它品种少，最适合生长在多碎石及含有砂砾石的层土。

二.品丽珠（Cabernet Franc）

分布在波尔多梅多克及圣埃米利永地区，为次要的葡萄品种，主要是带给葡萄酒更多的香气，色泽及丹宁都较赤霞珠低，但基本上来说，它与赤霞珠的特质非常相近。

三.美乐（Merlot）

这是波尔多圣埃米利永及波美候地区的主要葡萄品种，也是梅多克及格拉夫的次要品种，它有柔美的特质，非常适合种植于黏土上，但对于赤霞珠来说，却不太适合较湿的气候，因为这会影响到它的色泽。美乐一旦成熟需要立即采收，否则容易增加葡萄酒的酒精含量，并且会失去原有的风味特质。

四.马贝克（Malbec）

在整个波尔多区，马贝克葡萄品种已经愈来愈少，可能是培育栽种上的问题，许多酒庄将它摘除；但在波尔多北方的布尔区（Côtes de Bourg）及布拉伊区（Côtes de Blaye），仍然算是重要的葡萄品种，圣埃米利永、波美候及梅多克产区，仍有一些酒庄，保留了少许的老葡萄树，马贝克的特色是较早成熟、产量多、气质优雅、柔美、色泽艳红。

红酒酿造是采用深色葡萄，并保留果皮，以赋予葡萄酒色素与丹宁酸。

红白葡萄皆可酿造白酒，但若采用红葡萄需压榨成汁后，再去除外皮，避免染上果皮色素。

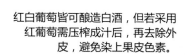

五.味而多（Petit Verdot）

梅多克产区较特别的葡萄品种，栽种面积并不多，主要在于调配其它葡萄品种，比较适合在贫脊的地质上，不易照顾，因此有些酒庄已放弃。较晚成熟、深红色泽、可酿成酒精含量较高的葡萄酒，较高的丹宁也可让葡萄酒储存较长的年限，看似配角，但少了它，就无法成就葡萄酒的个性特质。

白葡萄 WHITE

一.赛蜜蓉（Semillon）

赛蜜蓉是波尔多最重要的白葡萄品种，无论酿造甜或不甜的白葡萄酒都少不了它，特别是在生产不甜白葡萄酒的格拉夫产区，以及生产世界著名贵腐甜白葡萄的索泰尔讷地区，都是不可或缺的品种。它带给格拉夫不甜白酒的储存潜力及多种复杂果香，也给索泰尔讷的贵腐甜白酒呈现金黄色泽及蜂蜜干果香，当它与长相思紧实地结合在一起，就能酿造出举世无双的"索泰尔讷贵族（贵腐）甜白酒"。

二.长相思（Sauvignon Blanc）

以前的长相思品种，在波尔多白葡萄产区的栽种面积比较平均，但在酿造贵腐甜白酒的索泰尔讷地区，似乎就较不受重视；但这些年长相思的栽种也在增加当中，有些产区也采用单一品种酿造白酒，特别是在"Enter-Deux-Mers"及法国其它产区，长相思的味道较浓郁、强烈，因此常将其原有的果香味道掩盖，经橡木桶的陈放，可带来较细致、柔美的风味。

三.密思卡岱（Muscadelle）

在波尔多算是配角，栽种在生产白酒的产区格拉夫、索泰尔讷及第一丘（Premières Côtes）等，产量非常少，有着特别芳香及果香味道，可以生产较淡、不需陈年的甜白酒，也可以作为赛蜜蓉及长相思品种的调配用酒，有了它，可以增加葡萄酒的风味。

分级制度｜
CLASSIFICATION

法国波尔多顶级分级酒庄制度的由来

（Bordeaux Classification of 1855 Creation of a Myth）

第一届的世界（环球）博览会于1849年在英国伦敦的水晶宫举行，为了商业上的理由，当时的拿破仑三世，决定下一届1855年的世界博览会在巴黎举行。当时，没有一家酒庄能想象，日后能将其葡萄酒带入博览会场展示。伦敦展之后，当时的农业部长就开始将压力施加在波尔多的商会（Chamber de Commerce De Bordeaux），要求他们必须提供一张波尔多最好酒庄的名单，并将于1855年的世界博览会中参展。商会会长Mr.Duffour-Bergier于是就招来各地区的委员会，将这件事转交下来，并将波尔多分为几个区块，再从其中选出酒庄名单；值得一提的是，当时名单中的酒庄全部都在波尔多北方——纪龙德河左岸的梅多克产区，没有任何一家是在右岸的圣埃米利永产区，可能是当年因为商业考虑及利益纠葛，不得而知。

1855年的酒庄分级说明

一.梅多克产区

梅多克地区包括了上梅多克区（Haut Médoc）5家酒庄，玛歌区（Mar-Gaux）21家酒庄，圣于连区（Saint-Julien）11家酒庄，波亚克区（Pauillac）18家酒庄，圣爱斯泰夫区（Saint-Estèphe）5家酒庄，总共挑选了60家酒庄（其中的Haut-Brion酒庄并非在本区内，而是在Pessac-Léognan），并将其分为5个等级，

伊甘（d' Yquem）酒庄位于索泰尔讷区，于1855年被评鉴为一级酒庄。

拉菲（Lafite-Rothschild）酒庄位于波亚克区，于1855年被评鉴为一级酒庄。

其标示如下：

一级 Premier（1er）Grand Cru Classe

二级 Deuxieme（2eme）Grand Cru Classe

三级 Troisieme（3eme）Grnad Cru Classe

四级 Quatrieme（4eme）Grand Cru Classe

五级 Cinquieme（5eme）Grnad Cru Classe

二.索泰尔讷与巴萨克产区

索泰尔讷地区总共挑选了16家生产甜白酒的酒庄，并将其分为三个等级；巴萨克地区，总共挑选了10家生产甜白酒的酒庄，并将其分为两个等级，而此产区统称为索泰尔讷法定产区，其标示如下：

一级 Premier（1er）Grand Cru Classe Superier

二级 Premier（1er）Grand Cru Classe

三级 Deuxieme（2eme）Grand Cru Classe

当时挑选这些酒庄，是根据这些酒庄从17世纪以来所记录的数据，包括了酿造技术、质量、风味评价、得奖及其售价等而定。

但这些于1855年被评为顶级分级酒庄的名单，150年来未曾改变，也未被重新评估，唯一有变动过的，就只有在1973年，将原本列为二级酒庄的木桐酒庄（Mouton-Rothschild）调升到一级，因此，有些人不满地暗讽那份酒庄名单具有"永远的价值"。

1855年之后的分级酒庄

所谓的"顶级分级酒庄"，除了前述1855年订立的之外，还有在1855年之后，波尔多其它生产地区的葡萄酒协会订立的，包括圣埃米利永区及格拉夫区。

一.圣埃米利永地区：也称为右岸产区，于1955年开始订立分级制度，约60家酒庄，每10年会重新评鉴，最新一次是在2006年完成，有些酒庄升级，有些被淘汰，标示如下：

一级A Premier Grand Cru Classe A

一级B Premier Grand Cru Classe B

特别级　Grand Cru Classe

二.格拉夫地区：有佩萨克及雷奥良两个产区，于1953年评鉴订立，至今未曾重新评鉴，而此区只有一个特别级，共16家酒庄（此区的唯一一级酒庄奥比昂酒庄Haut-Brion是在1855年被评鉴的），瓶标上会标示Grand Cru Classe字样，以为识别。

三.梅多克地区：除此之外，梅多克地区也有其它的协会组织，将该产区的酒庄加以评鉴分级，此分级制度建立于1932年的"Cru Bourgeois"，一段时间后会再做重新评鉴，最近的一次是在2002年完成，淘汰了相当多的酒庄，几乎有一半的酒庄都被排除在名单之外，主要是为了要求更高的标准，而大部分的人都把它归列为"中级酒庄"或"准特别级酒庄"来看待，但事实上，有为数不少的Cru Bourgeois酒庄，其名声、质量、价格、规模都远远超越了部分顶级分级酒庄。其分级标示如下：

一级 Cru Bourgeois Exceptional

二级 Cru Bourgeois Superieur

三级 Cru Bourgeois

奥松（Ausone）酒庄位于圣埃米利永，于2006年被评鉴为一级酒庄。

分级酒庄的组织与期酒价格 |
ORGANIZATIONS & FUTURE BUYING
(EN PRIMEUR)

上述所有的Grand Cru Classe及部分Cru Bourgeois的组织，有着多年以来历史传统的成文及不成文规矩，管控了它们的市场营销、价格策略、经销商管理。其中，新年度"新酒的预售制度"（En Primeur）则是在新酒酿造出来后，邀请或寄送给主要的品酒专家及品（评）酒的书籍杂志做试饮品尝（Tasting），这些欧美各个较知名的酒评书籍及杂志，便操控着酒庄的知名度，这也是造成酒庄评价与现实不符的最主要症结。如果今年的新酒能获所谓专家们的青睐，给予较高的评价，其价格就会水涨船高，但这些评价也需视当年气候为最主要因素。

而后，酒庄再释放出价格信息，视市场的接受度及供需再做价格的制定，如市场情况不如预期的热络，价格就可能向下调整；如市场反应热烈，则价格可能会一路往上飙涨，尤其是几家较知名的顶级酒庄，更是一日数市。其实，所谓的杰出年份、好年份、一般年份、较差年份，在质量上差异性并不是那么大。波尔多有十来家著名且有百年历史的经销商管理（Negociant），在波尔多的顶级酒庄与世界各地买家间扮演重要桥梁角色。

许多的消费者厌恶波尔多酒商的贪婪及操作价格的脸孔，在这些言语夸张的酒商及一些酒评书里的"专家"里，真正品尝过所谓"珍酿"的又有几人！大多数人都是随之起舞、推波助澜，并无限上纲地歌颂赞美，将这些酒形容为绝世或稀世珍酿，犹如天仙液般，如此夸大不实，已到了令人匪夷所思的地步。再加上许多的消费者为了满足虚荣的本质，以展现出骄傲感，更是为此趋势推波助澜；其实，这样的做法值得商榷，饮鸩止渴的炒作手法并不是长期经营之道。因此这出没有完结篇的金钱游戏，将会一直不断地重复上演；而这也是人性交战的筹码，取舍之间交织着人性的纠葛。

就如同法国人常说"C'EST LA VIE"（这就是人生）的意思，人生不就是这样永远难以厘清。

PART 2 产区巡礼

MÉDOC | 梅多克

一般人都将波尔多两个较知名的产区，梅多克（Médoc）及圣埃米利永（Saint-Émilion）分为左右两岸，梅多克为左岸，圣埃米利永为右岸，以河为界，但事实上波尔多有三条主要的河——纪龙德河（La- Gironde）、加龙河（La Garonne）及多尔多涅河（La Dordogne），贯穿流经整个波尔多产区及其他的支流，因此如此形容或区分不完全正确，比较确实的说法，应以波尔多市区为中心北方稍偏西一直延伸到大西洋出海口之"纪龙德河左岸的产区"，才是广义的大梅多克区（纪龙德河右岸是另外两个知名产区布拉伊区（Blaye）及布尔区（Bourg），其中还划分各个独立的许多知名的法定小产区，这些产区都有着悠久的历史，并于1855年建立了顶级分级酒庄的制度，也有着为数众多的知名顶级酒庄（Grand Cru Classe）及特别级或称明星级酒庄（Cru Bourgeois），驰名于世。

梅多克 Médoc
葡萄酒产区

纪龙德河

圣爱斯泰夫产区

波亚克产区

圣于连产区

上梅多克产区

玛歌产区

波尔多梅多克产区列级酒庄排名　1855年评鉴
Médoc Grand Cru Classe en 1855

一级酒庄　Premiere(1ere) Grand Cru Classe（5家）

酒庄名称	中国台湾译名	法 文 名 称	法 定 产 区	村 庄	页码
玛歌酒庄	玛够酒庄	Château Margaux	玛歌 Margaux	Margaux	68
拉斐酒庄	拉菲·霍奇酒庄	Château Lafite-Rothschild	波亚克 Pauillac	Pauillac	104
拉图酒庄	拉图尔酒庄	Château Latour	波亚克 Pauillac	Pauillac	106
木桐酒庄	慕东·霍奇酒庄	Château Mouton-Rothschild	波亚克 Pauillac	Pauillac	112

◎格拉夫产区的奥比昂（Haut-Brion）酒庄也被列入1855年评鉴的一级酒庄。

二级酒庄　Deuxieme(2eme) Grand Cru Classe（14家）

酒庄名称	中国台湾译名	法 文 名 称	法 定 产 区	村 庄	页码
布兰尼–康蒂酒庄	伯那康田酒庄	Château Brane-Cantenac	玛歌 Margaux	Cantenac	44
杜夫–维旺酒庄	杜佛薇恩酒庄	Château Dufort-Vivens	玛歌 Margaux	Margaux	56
力士金酒庄	拉斯康伯酒庄	Château Lascombes	玛歌 Margaux	Margaux	64
瑚赞–歌仙酒庄	霍颂加西酒庄	Château Rauzan-Gassies	玛歌 Margaux	Margaux	80
瑚赞–塞格拉酒庄	霍颂西拉酒庄	Château Rauzan-Segla	玛歌 Margaux	Margaux	82
碧尚–拉龙酒庄	碧乡·巴宏酒庄	Château Pichon-Longueville Baron	波亚克 Pauillac	Pauillac	116
拉郎德伯爵夫人酒庄	碧乡·拉隆酒庄	Château Pichon-Longueville Comtesse de Lalande	波亚克 Pauillac	Pauillac	118
玫瑰山酒庄	蒙托斯酒庄	Château Montrose	圣爱斯泰夫 Saint-Estèphe	Saint-Estèphe	132
爱士图尔酒庄	寇司·德斯图内酒庄	Château Cos D'estournel	圣爱斯泰夫 Saint-Estèphe	Saint-Estèphe	150
宝嘉龙酒庄	迪克布凯由酒庄	Château Ducru-Beaucaillou	圣于连 Saint-Julien	Beycheville	140
拉露丝酒庄	葛霍·拉罗斯酒庄	Château Gruaud Larose	圣于连 Saint-Julien	Beycheville	142
乐夫巴顿酒庄	雷欧维·巴顿酒庄	Château Lèoville-Barton	圣于连 Saint-Julien	Saint-Julien	148
雄狮酒庄	雷欧维·拉仕卡斯酒庄	Château Lèoville-Las Cases	圣于连 Saint-Julien	Saint-Julien	150
乐夫普勒酒庄	雷欧维·波菲尔酒庄	Château Lèoville-Poyferre	圣于连 Saint-Julien	Saint-Julien	152

三级酒庄 Troisiemes(3eme) Grand Cru Classe（14家）

酒庄名称	中国台湾译名	法 文 名 称	法 定 产 区	村 庄	页码
拉贡酒庄	拉兰寇酒庄	Château La Lagune	上梅多克 Haut-Médoc	Lodon-Médoc	36
波伊-康蒂酒庄	波依康田酒庄	Château Boyd-Cantenac	玛歌 Margaux	Cantenac	42
康蒂-布朗酒庄	康田布朗酒庄	Château Cantenac-Brown	玛歌 Margaux	Cantenac	46
得世美酒庄	迪斯米瑞酒庄	Château Desmirail	玛歌 Margaux	Margaux	41
迪仙酒庄	迪森酒庄	Château d'Issan	玛歌 Margaux	Cantenac	52
费里埃酒庄	费依耶酒庄	Château Ferriere	玛歌 Margaux	Margaux	58
吉事客酒庄	吉斯库酒庄	Château Giscours	玛歌 Margaux	Labarde	60
麒麟酒庄	基旺酒庄	Château Kirwan	玛歌 Margaux	Labarde	62
玛乐事酒庄	玛勒斯寇酒庄	Château Malescot Saint-Exupéry	玛歌 Margaux	Beycheville	66
阿莱斯姆-贝克侯爵酒庄	玛奇达乐酒庄	Château Marquis d'Alesme-Becker	玛歌 Margaux	Margaux	70
帕尔梅酒庄	帕美酒庄	Château Palmer	玛歌 Margaux	Cantenac	74
卡龙世家酒庄	卡隆西格酒庄	Château Calon-Ségur	圣爱斯泰夫 Saint-Estèphe	Saint-Estèphe	124
拉虹酒庄	拉葛隆吉酒庄	Château Lagrange	圣于连 Saint-Julien	Beycheville	144
朗歌巴顿酒庄	隆国亚·巴顿酒庄	Château Langoa Barton	圣于连 Saint-Julien	Beycheville	146

四级酒庄 Quartiemes(4eme) Grand Cru Classe（10家）

酒庄名称	中国台湾译名	法 文 名 称	法 定 产 区	村 庄	页码
拉图-嘉内酒庄	拉图尔·卡内特酒庄	Château La Tour Carnet	上梅多克 Haut-Médoc	Saint-Laurent	38
德美候爵酒庄	玛奇提姆酒庄	Château Marquis De Terme	玛歌 Margaux	Arsac	72
宝爵酒庄	博吉酒庄	Château Pouget	玛歌 Margaux	Cantenac	76
力仙酒庄	普依丽杏酒庄	Château Prieuré-Lichine	玛歌 Margaux	Cantenac	78
迪阿-米龙酒庄	杜哈·米隆酒庄	Château Duhart Milon Rothschild	波亚克 Pauillac	Pauillac	94
拉芳-罗榭酒庄	拉风霍雪酒庄	Château Lafon-Rochet	圣爱斯泰夫 Saint-Estèphe	Saint-Estèphe	130
龙船酒庄	贝喜维尔酒庄	Château Beychevelle	圣于连 Saint-Julien	Beycheville	136
芭内-杜克酒庄	布朗迪克酒庄	Château Branaire Ducru	圣于连 Saint-Julien	Beycheville	138
圣皮埃尔酒庄	圣皮尔酒庄	Château St-Pierre	圣于连 Saint-Julien	Beycheville	154
大宝酒庄	塔伯酒庄	Château Talbot	圣于连 Saint-Julien	Beycheville	156

五级酒庄 Cinquieme(5eme) Grand Cru Classe（18家）

酒庄名称	中国台湾译名	法 文 名 称	法 定 产 区	村 庄	页码
百家富酒庄	贝葛微酒庄	Château Belgrave	上梅多克 Haut-Médoc	Saint-Laurent	30
卡蔓沙酒庄	卡门沙克酒店	Château Camensac	上梅多克 Haut-Médoc	Saint-Laurent	32
坎特美乐酒庄	康特美乐酒庄	Château Cantemerle	上梅多克 Haut-Médoc	Macau	34
杜扎克酒庄	朵沙克酒庄	Château Dauzac	玛歌 Margaux	Labarde	48
杜黛尔酒庄	德迪酒庄	Château du Tertre	玛歌 Margaux	Arsac	54
芭塔叶酒庄	巴泰利酒庄	Château Batailley	波亚克 Pauillac	Pauillac	86
米龙修士酒庄	克雷·米隆酒庄	Château Clerc Milon	波亚克 Pauillac	Pauillac	88
歌碧酒庄	夸杰贝吉酒庄	Château Croizet-Bages	波亚克 Pauillac	Pauillac	90
达玛雅克酒庄	达玛雅克酒庄	Château d'Armailhac	波亚克 Pauillac	Pauillac	92
杜卡斯酒庄	裴杜卡斯酒庄	Château Grand Puy-Ducasse	波亚克 Pauillac	Pauillac	96
拉寇斯酒庄	裴拉寇斯酒庄	Château Grand Puy-Lacoste	波亚克 Pauillac	Pauillac	98
奥巴里奇酒庄	欧贝吉立贝酒庄	Château Haut-Bages-Liberal	波亚克 Pauillac	Pauillac	100
奥-芭塔叶酒庄	欧巴泰利酒庄	Château Haut-Batailley	波亚克 Pauillac	Pauillac	102
林贝吉酒庄	琳喜贝吉酒庄	Château Lynch-Bages	波亚克 Pauillac	Pauillac	108
浪琴慕沙酒庄	琳喜莫莎酒庄	Château Lynch-Moussas	波亚克 Pauillac	Pauillac	110
百德诗歌酒庄	佩迪克罗酒庄	Château Pedesclaux	波亚克 Pauillac	Pauillac	114
庞特-卡内酒庄	朋特·卡内酒庄	Château Pontet-Carnet	波亚克 Pauillac	Pauillac	120
寇丝-拉博利酒庄	寇司·拉伯里酒庄	Château Cos Labory	圣爱斯泰夫 Saint-Estèphe	Saint-Estèphe	128

Haut-Médoc

上梅多克产区 |

　　梅多克为波尔多最知名的产区，一般称之为"左岸产区"。在这广大的产区里，包括许多知名的法定小产区，如玛歌（Margaux）、圣于连（Saint Julien）、波亚克（Pauillac）、圣爱斯泰夫（Saint-Estèphe）、上梅多克（Haut Médoc）等。而上梅多克产区就位于最接近波尔多市中心的北方偏左，且一直往北延伸到圣爱斯泰夫（Saint-Estèphe），几乎为等距的偌大产区。上梅多克产区有许多知名的优质酒庄，但在1855年分级评鉴时，却只有5家酒庄被评定为顶级分级酒庄。

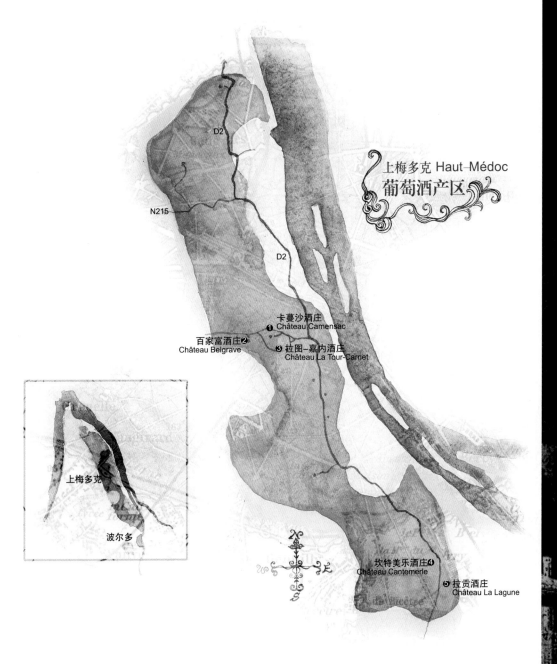

上梅多克 Haut-Médoc
葡萄酒产区

D2

N215

D2

卡蔓沙酒庄
❶ Château Camensac

百家富酒庄❷
Château Belgrave

❸ 拉图–嘉内酒庄
Château La Tour-Carnet

上梅多克

波尔多

坎特美乐酒庄❹
Château Cantemerle

❺ 拉贡酒庄
Château La Lagune

Map P.029 ❷

百家富酒庄
Château Belgrave

（正标）

（副标）

百家富酒庄坐落于上梅多克的圣罗兰（St-Laurent），与圣于连（Saint Julien）法定产区毗邻，是梅多克最古老的酒庄之一，在1855年被评定为五级酒庄时的名称为"Château Coutenceau"。美丽的18世纪古堡被55公顷的葡萄园环绕，在1979年被Cvbg集团（Dourthe-Kressman）买下。开始经营的几十年中，一直都疏于照顾及改进。因此，几乎被人忽略。庄园本身拥有好的环境及土质，具有相当的潜力，实在有些可惜。但在新主人接手后，增加了许多投资，也更新了设备及橡木桶，致力于酿造更好的佳酿。这些年的努力也得到了肯定，将失去的名声慢慢找回。

基本资料

法定产区	上梅多克 Haut-Médoc
分级	五级（1855年）　5eme Grand Cru Classe en 1855
葡萄园面积	55公顷
葡萄树龄	平均30年
年生产量	约26 000箱×12瓶（包含副标酒）
土质	砂砾石及渗透性粗沙
葡萄品种	55% 赤霞珠／32%美乐／ 12%品丽珠／1%味而多
酿造方法	采用波尔多传统方式酿造，再按葡萄品种不同储存 于橡木桶中15～18个月时间，每年更换50% 的全新橡木桶。
副标	Diane de Belgrave

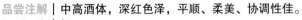

品尝注解	中高酒体，深红色泽，平顺、柔美、协调性佳。
知名度	低
较佳年份	1990年之前的酒质，基本上没有太大起伏，之 后感觉较浓郁、丰富些。
出口价格	€16～€21
储存潜力	10～20年
价格	有历史性的庄园，虽经历黯淡期，但也恢复往日 的生机，价格也算合理。
整体评价	★★

Map P.029 ❶

卡蔓沙酒庄
Château Camensac

（正标）

（副标）

　　酒庄坐落于上梅多克的圣罗兰（St-Laurent），就在百家富酒庄（Ch. Belgrave）的背后。在1965年西班牙利欧哈（Rioja）酿酒家族福尔内兄弟（Forner Brothers）接手之前，庄园已没落到几乎黯淡无光，引不起人们的注意。福尔内兄弟花了相当大的心力，重建这个曾经风光的名酒庄；他们大量投资，将所有的设备更新为现代化设备，葡萄树也几乎重新栽种，1980年之后，终于让酒庄再度起死回生。

　　这些年来也与其他许多酒庄相同，邀请了波尔多同一个知名的酿酒家族作为顾问，为酒庄量身酿制好酒，酒质每年也在进步中。若以顶级分级酒庄来说，此酒庄的价格可算是最低的，价格甚至低于许多特别级（Cru Bourgedis）的酒庄，以这几年的品质来论，可算是物超所值。

基本资料

法定产区	上梅多克 Haut-Médoc
分级	五级（1855年） 5eme Grand Cru Classe en 1855
葡萄园面积	75公顷
葡萄树龄	平均35年
年生产量	约23000箱×12瓶（包含副标酒）
土质	深层砂砾土及硬质层土
葡萄品种	60%赤霞珠／40%美乐
酿造方法	采用波尔多传统方式，再按葡萄品种不同储存于橡木桶中17～20个月时间，每年更换35%～70%的全新橡木桶。
副标	La Closerie de Camensac

品尝注解	中等酒体，柔顺、平凡、协调性佳，近几年的酒感觉较有层次。
知名度	偏低
较佳年份	1990年之前吸引不了人们的眼光，之后渐入佳境。
出口价格	€15～€16
储存潜力	10～20年
价格	有历史的庄园，虽之前疏于照料，但之后也找回了原有本色，价格稳定合理。
整体评价	★★

Map P.029 ❹

坎特美乐酒庄
Château Cantemerle

（正标）

（副标）

大约建立在15世纪的庄园，可算是相当知名的古老酒庄，坐落在上梅多克的马高（Macau），参天古树环绕在古堡四周，绿意盎然。庄园内曾经挖掘出古老先人遗物，因此酒庄内有类似小型博物馆的陈列室，陈列着出土宝物，供人参观。

本酒庄曾在上世纪的前半世纪引领它美好声誉长达50年之久，特别是在知名的波尔多酒业家族Dubos接手的期间，从1892年到1980年间的前半段，可说是酒庄的全盛时期；而后半段，因换了几个继承人没有接管好，缺乏资金，造成了整个酒庄的衰败及没落。1980年财团Smabtp（Les Mutuelles D'Assurance Du Batiment Et Des Travaux Publics）进入后，更新所有设备，改造整个酒庄，才使它得以恢复往日的光辉。

基本资料

法定产区	上梅多克 Haut-Médoc
分级	五级（1855年） 5eme Grand Cru Classe en 1855
葡萄园面积	85公顷
葡萄树龄	平均30年
年生产量	约28000箱×12瓶（包含副标酒）
土质	四世纪之矽质砂砾石
葡萄品种	52%赤霞珠／40%美乐／ 5%味而多／3%品丽珠
酿造方法	采用波尔多传统方式酿造，再按不同葡萄品种分别储存于橡木桶中约12～14个月时间，每年更换40%的全新橡木桶。
副标	Les Allees de Cantemerle／之前曾用 Baron Villeneuve de Cantemerle为副标。

品尝注解｜中～高酒体，深红色泽、丰富、柔美、平顺、果香。

知名度｜中低

较佳年份｜从1982年起一直到2009年，其酒质均相当稳定。

出口价格｜€19～€21

储存潜力｜10～20年

价格｜物超所值，以近些年来的进步及酒质，加上历史的庄园及知名度。

整体评价｜★★☆

Map P.029 ⑤

拉贡酒庄
Château La Lagune

（正标）

拉贡酒庄位于上梅多克的鲁东（Ludon），曾经是著名之酒庄，但却沉寂、落寞了好长一段时间；一直到1957年被Georges Brunet买下后，才恢复了原有生机。Brunet是一个积极行动派的人，他将酒庄内的建筑物、酒窖及酿酒设施，全部更新，就连葡萄树也重新栽种。特别值得一提的是，他发明了一个方法，将不锈钢大桶中的葡萄酒经由管线，直接注入橡木桶中，以不接触空气，这在当年是个创举。但不幸的是，因为最后的资金短缺，不得不转手给Champagne Ayala，这些年来的努力，也得到了肯定，刚开始的初期，他们曾经依照五大知名酒庄的做法采用百分百全新橡木桶，后来可能是因为成本太高而改变。

基本资料

法定产区	上梅多克　Haut-Médoc
分级	三级（1855年）3eme Grand Cru Classe en1855
葡萄园面积	77公顷
葡萄树龄	平均30年
年生产量	约16 000箱×12瓶（包含副标酒）
土质	四世纪砂砾石，碎石及沙
葡萄品种	55% 赤霞珠／30%美乐／ 10%味而多／5%品丽珠
酿造方法	采用波尔多传统方式酿造，再按不同葡萄品种分别储存于橡木桶中约18个月时间，每年更换50%的全新橡木桶。
副标	Moulin de La Lagune

品尝注解	中高酒体，宝石红色泽，平衡、协调性佳，果香佳。
知 名 度	中低
较佳年份	从1990年起一直到2009年其酒质大致稳定。
出口价格	€30 ~ €36
储存潜力	10 ~ 25年
价　　格	曾有风光历史的知名酒庄，虽曾沉寂，但近来再受到人们的关注，价格也稍涨，但仍在合理范围内。
整体评价	★ ★ ☆

上梅多克产区

Map P.029 ③

拉图－嘉内酒庄

Château La Tour Carnet

（正标）

（副标）

　　梅多克地区最古老的酒庄，坐落于圣罗兰（St-Laurent），创立于12世纪，是中古世纪风格的古堡建筑，城堡被护城河环绕。八百年来，酒庄曾经多次易主，也走过风光的历史，否则怎能在1855年被评为分级四级酒庄。但其实，她在1960年前已到了没落、黯淡无光的凄凉地步，几乎是无人问津。贝尔纳·马格雷（Barnard Magrez）是现在的庄园主人，同时也是"Château Pape-Clement"的主人，他花了很多的时间与精力革新葡萄园区的栽种培育，也更新了许多的设施，裁剪枝叶及葡萄串，降低生产量，让葡萄能更饱满，达到较高品质。此外，该区的葡萄全部以手工采收，多年来品质均相当稳定。

基本资料

法定产区	上梅多克 Haut-Médoc
分级	四级（1855年）4eme Grand Cru Classe 1855
葡萄园面积	54公顷
葡萄树龄	平均30年
年生产量	约20000箱×12瓶（包含副标酒）
土质	西南斜坡黏土及覆盖高含量之石灰石
葡萄品种	50%赤霞珠／33%美乐／ 10%品丽珠／4%味而多
酿造方法	采用波尔多传统方式酿造，再按葡萄品种不同储存于橡木桶中15～18个月时间，每年更换70%的全新橡木桶。
副标	Les Douves de Carnet

品尝注解	中～高酒体，深红色泽，平顺、柔美、协调性佳。
知 名 度	低
较佳年份	从1990年至2009年其酒质大致稳定。
出口价格	€16～€20
储存潜力	10～20年
价　　格	悠久的历史，加上近些年的努力，酒质虽不那么出色，但也达到一定的水准，可说是物美价廉。
整体评价	★★

Margaux

玛歌产区 |

    由上梅多克（Haut-Médoc）再往北约20公里就是知名的玛歌产区，是梅多克内面积最大的小产区，总面积七千五百多公顷，葡萄栽种面积约三千公顷。产区内有相当多的优质酒庄，于1855年分级评鉴时，竟有21家酒庄被评为顶级分级酒庄，从一级到五级均有，也是梅多克小产区里最多列名分级酒庄的一区，也可能是因为有太多的酒庄，在品质上并不整齐，近些年来似乎有较大的进步。玛歌产区酒的共同特征是中高档的酒体，品尝起来的感觉比较细致、柔顺、圆润、协调性较佳，容易入口及体会它的酒质。

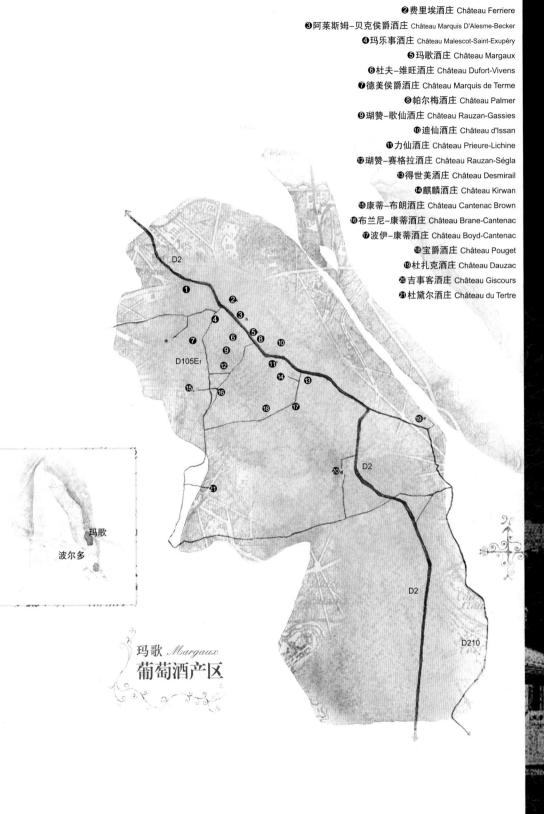

❶力士金酒庄 Château Lascombes
❷费里埃酒庄 Château Ferriere
❸阿莱斯姆–贝克侯爵酒庄 Château Marquis D'Alesme-Becker
❹玛乐事酒庄 Château Malescot-Saint-Exupéry
❺玛歌酒庄 Château Margaux
❻杜夫–维旺酒庄 Château Dufort-Vivens
❼德美侯爵酒庄 Château Marquis de Terme
❽帕尔梅酒庄 Château Palmer
❾瑚赞–歌仙酒庄 Château Rauzan-Gassies
❿迪仙酒庄 Château d'Issan
⓫力仙酒庄 Château Prieure-Lichine
⓬瑚赞–赛格拉酒庄 Château Rauzan-Ségla
⓭得世美酒庄 Château Desmirail
⓮麒麟酒庄 Château Kirwan
⓯康蒂–布朗酒庄 Château Cantenac Brown
⓰布兰尼–康蒂酒庄 Château Brane-Cantenac
⓱波伊–康蒂酒庄 Château Boyd-Cantenac
⓲宝爵酒庄 Château Pouget
⓳杜扎克酒庄 Château Dauzac
⓴吉事客酒庄 Château Giscours
㉑杜黛尔酒庄 Château du Tertre

玛歌 *Margaux*
葡萄酒产区

玛歌
波尔多

Map P.041 **17**

波伊－康蒂酒庄

Château Boyd-Cantenac

（正标）

（副标）

　　这个酒庄有着多变的历史，1855年被评为三级酒庄时的名称为"Château Boyd"，1860年时，庄园内的葡萄园割给了康蒂-布朗（Cantenac-Brown）酒庄，她曾经消失、没落了45年之久，而酒庄的名字再度出现于1920年，但许多建筑物已给了玛歌（Margaux）酒庄。此外，她与其邻近的第四级宝爵（Pouget）酒庄为同一主人——Mr.Guillemet。因此，在1982年前，此酒庄的酒都在宝爵酒庄内酿造，接受同样监督完成制酒；1982年之后，因酿造设备更新始而分开，独自酿造；在1990年之前，此酒庄的酒就如同附属品般，直到现在，才感觉到她是个分级的三级酒庄。

基本资料

法定产区	玛歌 Margaux
分级	三级（1855年） 3eme Grand Cru Classe 1855
葡萄园面积	18公顷
葡萄树龄	平均35年
年生产量	7500箱×12瓶
土质	四世纪良好排水性的砂砾层土
葡萄品种	67%赤霞珠／20%美乐／ 7%品丽珠／6%味而多
酿造方法	用大钢槽发酵，自然温度控制，依照不同的年份、 葡萄品种做2～5周不等的浸皮程序，储存于橡木桶 12～18个月，每年会更换30%～60%的全新橡木桶。
副标	N/A

品尝注解	中高酒体，比较不符合期待中的三级酒庄之品质 及特色，平淡、不出色。
知名度	低
较佳年份	1995年之后酒质尚称稳定，2005年之后的酒质 有明显的进步。
出口价格	€18～€30
储存潜力	10～20年
价　格	虽然品质不是特别出色，但价格也不高。
整体评价	★★

Map P.041 ⑯

布兰尼－康蒂酒庄
Château Brane-Cantenac

（正标）

（副标）

此酒庄创立于1785年，也是被评为分级二级酒庄的前一世纪。在那段期间，酒庄名称为"Gorce"；1855年被评为二级酒庄时的名称为"Château Brane"，有着悠久及辉煌的历史。大片的葡萄园坐落在玛歌坎提内村，有最好的砂砾层地质，曾在1885年被评为梅多克地区最好的二级酒庄。此酒庄的主人巴龙·德·布兰尼（Baron de Brane）更被称为"葡萄中的拿破仑"，而后，他将位于波亚克的葡萄园出售，并更名为现在的酒庄名称。1925年，庄园主人勒顿（Lucien Lurton）的祖父取得了此酒庄，并成功地经营酒庄。现在，已由其儿子Henri Lurton接管，他自诩酿造出玛歌地区最优秀的葡萄酒。

基本资料

法定产区	玛歌 Margaux
分级	二级（1855年）2eme Grand Cru Classe 1855
葡萄园面积	90公顷
葡萄树龄	平均25年
年生产量	14000箱×12瓶
土质	4世纪的深层砂砾土
葡萄品种	65%赤霞珠／30%美乐／5%品丽珠
酿造方法	采用波尔多传统方式酿造，浸渍3～4星期，将不同的葡萄品种分别储存于橡木桶中18个月，每年更新50%的橡木桶。
副标	Le Baron de Brane

品尝注解	中高酒体，深紫红色，细致、高雅，有人称为"玛歌之精髓"。
知 名 度	中
较佳年份	20年来酒质都算稳定，1998年以后更佳。
出口价格	€30～€54
储存潜力	15～25年
价　　格	以玛歌二级酒庄名气及其品质来论，尚称合理。
整体评价	★★★

Map P.041 **15**

康蒂－布朗酒庄
Château Cantenac Brown

（正标）

（副标）

　　布朗（Brown）是来自英国的酒商，同时也是著名的动物画家。他曾经肩负着这个特殊酒庄的经营使命，展现如同英国文艺复兴时代的独特风格，令人耳目一新。现今的康蒂-布朗酒庄涵盖南边的玛歌法定产区，主要在康蒂（Cantenac）区里，玛歌产区的土质属于梯形的砂砾土质，有着天然良好的排水系统。每种土质拥有着不同的特性，也因此出产着不同且独特的葡萄酒。康蒂-布朗酒庄的土质是典型的梅多克砂砾土，这是完美且出色的石英砾，以前被称为"梅多克钻石"。白天太阳的光线照射着葡萄，夜晚石英砾则释放热度于葡萄。而这种土质成功地使赤霞珠这一品种发挥得淋漓尽致。现在的主人是Axa-Millesimes，同时也是波亚克区知名二级酒庄碧尚-拉龙（Pichon Baron）的拥有者。

基本资料

法定产区	玛歌 Margaux
分级	三级（1855年） 3eme Grand Cru Classe 1855
葡萄园面积	42公顷
葡萄树龄	平均32年
年生产量	15000箱×12瓶
土质	砂砾土
葡萄品种	65% 赤霞珠／30%美乐／5%品丽珠
酿造方法	以波尔多传统及现代化方式酿造，先放于大钢槽中在自然温度下发酵，再储存于橡木桶中15～18个月，每年更换50%的全新橡木桶。
副标	Château Canuet Lamartine／Brio Du Château Cantenac／Brown

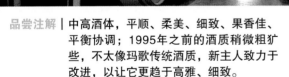

品尝注解	中高酒体，平顺、柔美、细致、果香佳、平衡协调；1995年之前的酒质稍微粗犷些，不太像玛歌传统酒质，新主人致力于改进，以让它更趋于高雅、细致。
知名度	中
较佳年份	20年来基本上没有太大变化，酒质堪称稳定。
出口价格	€28～€36
储存潜力	12～20年
价格	以三级酒庄名气及其知名度、历史、酒质来论，其定价尚称合理。
整体评价	★★☆

Map P.041 **19**

杜扎克酒庄
Château Dauzac

（正标）

（副标）

　　建立于13世纪的杜扎克酒庄，有着悠久的历史，坐落于玛歌的拉巴德（Labarde），几百年来曾多次易主，1978年曾被香槟酒庄主人买下，更新了酿酒设施及重新栽种葡萄，企图再打造昔日光芒，但并未成功；之后酒庄曾有很长一段时间疏于照料，最后，于1988年M.A.I.E（Mutual Insurance Company）买下了庄园，主要股东重整后，于1992年将管理任务派给了Scea之Andre Lurton，管理团队致力于改善所有设备及淘汰不良的葡萄株，希望能恢复过去的名声……辛苦终于有了回报，从1996年起，该酒庄的酒质有了相当大的进步，从2005年起由其女儿Christine Lurton de Caix成功经营至今，再度提升了酒庄的知名度。

基本资料

法定产区	玛歌 Margaux
分级	五级（1855年）5eme Grand Cru Classe en 1855
葡萄园面积	40公顷
葡萄树龄	平均20年
年生产量	10000箱 × 12瓶
土质	深层砂砾层土
葡萄品种	58% 赤霞珠／37%美乐／ 5%品丽珠
酿造方法	采用波尔多传统及现代化方式酿造，用大钢槽发酵3周 用自然温度发酵后，再储存于橡木桶中12个月，每年会 更换50%～80%的全新橡木桶。
副标	La Bastide Dauzac／Châteaux Labarde

品尝注解｜中等酒体；近些年品质进步不少，果香佳、典雅、
柔美、细致、具有玛歌气质。

知 名 度｜中

较佳年份｜1996年起品质在进步中，1998年曾获得非常高的
评价。

出口价格｜€17～€20

储存潜力｜12～20年

价　　格｜有悠久历史的酒庄，加上这几年酒质进步，可谓物
有所值。

整体评价｜★★

Map P.041 **13**

得世美酒庄

Château Desmirail

（正标）

（正标）

　　此酒庄被称之为没有古堡（Château）的酒庄，现在属于阿莱斯姆-贝克侯爵（Marquis D'Alesme-Becker）酒庄，在1981年被现在的主人Lurton收购之前一直都是其家族经营，不曾易主。Lurton拥有布兰尼-康蒂（Brane-Cantenac）酒庄及杜夫-维旺（Durfort-Vivens）酒庄等，这些年来致力于所有酒庄的更新，于1992年由其子Denis接管，大部分的欧美酒评书鲜少对此酒庄评价。庄园主人曾说："这完全不是品质的问题，而是我们不太在意或倾向任何的评分为根据。"28公顷的葡萄园区，分布在康蒂及阿萨克（Aksac）等区，有大量的赤霞珠为基础，酒质不错，名气也逐渐建立。

基本资料

法定产区	玛歌 Margaux
分级	三级（1855年） 3eme Grand Cru Classe en 1855
葡萄园面积	28公顷
葡萄树龄	平均25年
年生产量	7000箱×12瓶
土质	4世纪的深层砂砾层土
葡萄品种	80% 赤霞珠／15%美乐／ 5%品丽珠
酿造方法	采用传统玛歌区的酿造方式，在橡木桶中储存12～ 15个月，每年会更换1/3的全新橡木桶。
副标	Château Fontarney／ Domaine de Fontarney

品尝注解	中等酒体，酿调酒师Jacques Boisseno自己形容为 典型之玛歌，高贵、典雅、细致、柔美。
知名度	中低
较佳年份	近年来品质都算稳定，没有特别杰出的表现。
出口价格	€14～€18
储存潜力	12～25年
价格	以玛歌三级酒庄名气及其品质来论，可称物超所值。
整体评价	★★☆

Map P.041 ❿

迪仙酒庄
Château d'Issan

（正标）

（副标）

　　迪仙酒庄有着美丽的17世纪古堡建筑，不但是梅多克地区历史最悠久的酒庄之一，也是最华丽的酒庄之一，有人形容它为"灰姑娘古堡"，意即其有许多美好的事物等待发掘；酒庄门口有一排题字："Regum Mensis Arisque Deorum"，意思就是"献给帝王及神明供桌"。

　　此酒庄也曾经有过疏忽期，一直到1945年被克鲁斯（Cruse）买下，他花了很多心思，认真投入经营庄园的工作，逐步重建起昔日荣耀，1994年起，由其孙子伊曼纽尔·克鲁斯（Emmanuel）接管酒庄，此后，更可以察觉到酒庄明显的进步。

基本资料

法定产区	玛歌　Margaux
分级	三级（1855年）3eme Grand Cru Classe en 1855
葡萄园面积	30公顷
葡萄树龄	平均35年
年生产量	12500箱×12瓶
土质	黏土及砂砾层土
葡萄品种	70%赤霞珠／30%美乐
酿造方法	采用波尔多传统及现代化方式酿造，于大钢槽中用自然温度发酵21天后，再储存于橡木桶发酵18个月，每年会更换50%的全新橡木桶。
副标	Blason D'Issan，2006年改为Moulin D'Issan

品尝注解	中高酒体；比较有个人风格之特色，浑厚、饱满、香气佳；副标酒的酒质也相当不错。
知名度	中
较佳年份	近十年来品质相当稳定，且在逐渐进步中。
出口价格	€30～€40
储存潜力	12～25年
价　　格	以玛歌三级酒庄的历史、知名度及其品质来论，价格尚合理。
整体评价	★★☆

Map P.041 **21**

杜黛尔酒庄
Château du Tertre

（正标）

（副标）

　　酒庄之历史可回溯到12世纪，中间历经了多次的迁移，在1855年被评为分级酒庄，也曾有过辉煌的历史，酒庄名称"Tertre"，法文的意思就是"小山丘"或"小圆丘"，酒庄坐落在玛歌最高的山丘上，有着排水良好的砂砾层土及卵石，1961年卡龙世家（Calon-Ségur）酒庄的主人接手后，致力于改善酒庄的各项设备及葡萄园；1998年，又被其隔邻的另一个分级酒庄吉事客（Giscours）买下。其实此酒庄的酒质还算不错，但常常被赋予过低的评价。

玛歌产区

基本资料

法定产区	玛歌　Margaux
分级	五级（1855年）　5eme Grand Cru Classe en 1855
葡萄园面积	52公顷
葡萄树龄	平均30年
年生产量	20000箱×12瓶
土质	块状砂砾层及卵石
葡萄品种	40%赤霞珠／30%美乐／ 20%品丽珠／5%味而多
酿造方法	于传统的木桶中用自然温度25～30度发酵 2～3 周， 再于橡木桶中储存18个月，每年更新50%的全新橡 木桶。
副标	Les Hauts Du Tertre

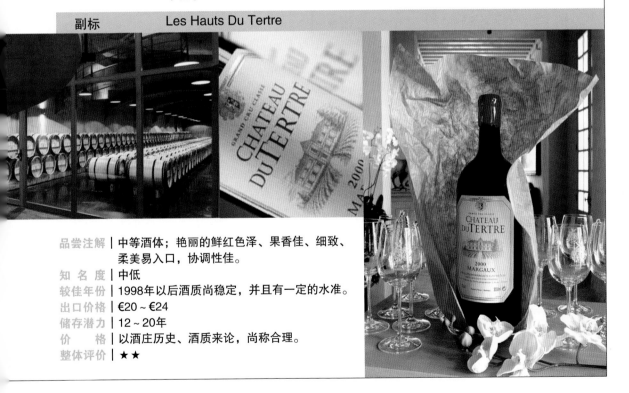

品尝注解	中等酒体；艳丽的鲜红色泽、果香佳、细致、柔美易入口，协调性佳。
知 名 度	中低
较佳年份	1998年以后酒质尚稳定，并且有一定的水准。
出口价格	€20 ~ €24
储存潜力	12 ~ 20年
价　　格	以酒庄历史、酒质来论，尚称合理。
整体评价	★★

Map P.041 ❻

杜夫－维旺旺酒庄

Château Dufort-Vivens

（正标）

（副标）

　　酒庄历史需追溯到15世纪，一直到1824年之前，酒庄的名字都叫做"Comtes Durfort De Duras"，之后更名为现在的名称，也就是两个亲戚家族的名字。从1937年到1961年间，酒庄曾被著名的玛歌（Margaux）酒庄所拥有，也就是勒顿（Lurton），1992年勒顿（Lurton）家族将酒庄转售给他的儿子贡萨戈·勒顿（Gonzague），承袭着家族的传统，用心地保护及经营。

　　1855年被评鉴为分级二级酒庄，这百年来，其酒庄所生产的酒，价格约紧追一级酒庄，但曾几何时，玛歌产区的二级酒庄之价格，都被远远地抛在一级酒庄之后，永远无法追赶。主要原因在于一般人对玛歌产区的酒已有刻板印象，认为该区酒的质量并不平均。

基本资料

法定产区	玛歌　Margaux
分级	二级（1855年） 2eme Grand Cru Classe en 1855
葡萄园面积	32公顷
葡萄树龄	平均25年
年生产量	8000箱×12瓶
土质	四世纪法加伦河深层砂砾土及少量黏土和良好的排水土壤
葡萄品种	65%赤霞珠／20%美乐／ 15%品丽珠
酿造方法	采用传统玛歌的酿造方法，储存于橡木桶12～24个月， 每年更新40%的橡木桶。
副标	Second de Durford／Relais de Durfor d

品尝注解	中高酒体；艳红色泽、高雅、细致、协调性佳；典型 玛歌酒质。
知名度	中
较佳年份	1995年以来酒质都相当不错，但一直都没有太特别 的佳作。
出口价格	€24～€32
储存潜力	12～25年
价格	以玛歌二级酒庄名气及其品质来论，可算物超所值。
整体评价	★★☆

Map P.041 ❷

费里埃酒庄
Château Ferriere

（正标）

（副标）

　　此酒庄虽然在1855年被评为分级酒庄的三级，但其葡萄园区只有8公顷，于1961年被Alexis Lichine签订了长期租约，而后又被著名的拉斯康（Lascombes）酒庄继续经营，到了1992年才被现在的主人维拉尔（Meralut Villars）买下，维拉尔家族花了很多的心思改革酒庄，才唤回了人们对此酒庄的注意，酒庄主人同时也拥有其它两座有名的酒庄——雪仕・史贝琳（Château Chasse Spleen）及奥巴里奇（Haut-Bages-Libera）。费里埃酒庄虽然不大，但由于坐落在玛歌中心区，因此没有任何庄园比它更像典型的玛歌酒庄了。因产量不多，要买到此酒庄酿造的酒，也不太容易。

基本资料

法定产区	玛歌 Margaux
分级	三级（1855年） 3eme Grand Cru Classe en 1855
葡萄园面积	8公顷
葡萄树龄	平均45年
年生产量	3000箱×12瓶
土质	深层砂砾土
葡萄品种	80%赤霞珠／15%美乐／5%味而多
酿造方法	于精心挑选的水泥槽、木桶中发酵3周后，再储存于橡木桶中18～20个月，每年更新50%的全新橡木桶。
副标	Les Remparts de Ferriere

品尝注解｜中等酒体，一直以来，并没有太多人注意，近年来稍佳，深红色泽、丰富、高雅、柔顺。

知 名 度｜中低

较佳年份｜1995年后酒质尚稳定，2005年后有较明显的进步。

出口价格｜€20～€23

储存潜力｜12～20年

价　　格｜以玛歌三级酒庄名气及其品质来论，物有所值。

整体评价｜★★☆

Map P.041 **20**

吉事客酒庄

Château Giscours

（正标）

　　有着悠久历史的14世纪酒庄，坐落于玛歌的拉巴德（Labarde），有300公顷的庄园及83公顷的葡萄园，算是占地广大的一座酒庄。第二次世界大战之后，1952年由Tari家族承接，并斥巨额资金将整个酒庄改头换面，重现昔日荣耀，也让它成为玛歌产区最大、最重要的酒庄之一。1995年荷兰商埃里克·阿尔巴达·耶尔格斯玛（Eric Albada Jelgersma）接手后，更加强了酒庄的品质及知名度，使吉事客酒庄成为波尔多重要品牌及国际知晓的酒庄。但几年前的假酒庄酒事件，重创了酒庄几百年来的信誉，这些阴影仍深深烙印在人们的记忆中，可能需要长久的时间来平复。

　　其它相关酒庄：德美侯爵酒庄（Château du Tertre）。

基本资料

法定产区	玛歌　Margaux
分级	三级（1855年）3eme Grand Cru Classe en 1855
葡萄园面积	83公顷
葡萄树龄	平均25年
年生产量	25000箱×12瓶
土质	法国加龙河之砂砾层土及沙土
葡萄品种	55%赤霞珠／40%美乐／ 5%味而多及品丽珠
酿造方法	采用玛歌传统的酿造方法，于大钢槽及水泥桶中用 自然温度28～30度发酵18～24天，再储存于法 国橡木桶15～18个月，每年更新50%的橡木桶。
副标	La Sirene de Giscours
年生产量	10000箱×12瓶

品尝注解	中高酒体，深红色泽、饱满、果香平衡的协调性，较有个人特色，不太像传统之玛歌产区的酒型。
知名度	中高
较佳年份	1996年以后始终维持极佳的水准，2009年品质杰出。
出口价格	€30～€45
储存潜力	15～25年
价格	以玛歌三级酒庄名气、酒品质及知名度来论，尚称合理。
整体评价	★★★

Map P.041 **14**

麒麟酒庄
Château Kirwan

（正标）

（副标）

18世纪时爱尔兰人Mark Kirwan承接了这座酒庄，并且将酒庄名称改为麒麟（Kirwan），1925年波尔多Schroder & Schyler家族成为酒庄主人，1966年之前所生产的酒，都在其家族的酒窖内装瓶，1967年之后才由该酒庄自行装瓶；1978年之后酒庄的酒质因为增资改进后大幅进步；1993年，著名酿酒师Michel Rolland加入后，酒质有了明显的变化。可能是历史的原因，本酒庄在亚洲并不出名，但在北欧地区却享有相当的名声。

基本资料

法定产区	玛歌 Margaux
分级	三级（1855年） 3eme Grand Cru Classe en 1855
葡萄园面积	35公顷
葡萄树龄	平均27年
年生产量	15000箱×12瓶
土质	梅多克的砂砾层土、砂土及石灰岩黏土层
葡萄品种	40%赤霞珠／30%美乐／ 20%品丽珠／10%味而多
酿造方法	采用波尔多传统方式酿造，再按葡萄品种不同分别 储存于橡木桶中18～20个月不等，每年更换50% 之全新橡木桶。
副标	Les Charmes de Kirwan

品尝注解	中高酒体，近几年的酒质较饱满，比较有特色、丰富、柔顺。
知 名 度	中低
较佳年份	1995年之后，维持稳定水准。
出口价格	€29～€37
储存潜力	12～20年
价 格	以玛歌三级酒庄名气及其酒质来论，尚在可接受的范围。
整体评价	★★

Map P.041 ❶

力士金酒庄
Château Lascombes

（正标）

（副标）

力士金酒庄由第一位主人Chavalier Antoine Lascombes 建立于 17 世纪，起初酒庄并不大，同样在 1855 年被评选为二级酒庄，现在已被列为世界最有声望的酒庄之一。1951年售予 Alexis Lichine 及美国财团，接着于 1971 年又转手给英国的 Bass-Charrington 集团，最后于 2001 年卖给了现在的主人——美国的退休基金科洛尼（Colony）集团。前述这些集团买入后，也投入资金改善设备，并购买附近葡萄园，扩大了力士金酒庄的园区。但实际上，只有 50 公顷的原有葡萄园被认可为分级酒庄，其余葡萄园区所生产的只能被贴上"Château Segonnes"或"Chevalier de Lascombes"的标签销售。

基本资料

法定产区	玛歌 Margaux
分级	二级（1855年） 2eme Grand Cru Classe en 1855
葡萄园面积	84公顷
葡萄树龄	平均35年
年生产量	20000箱×12瓶
土质	石灰岩黏土层／砂砾黏土层／砂砾层土
葡萄品种	45%赤霞珠／50%美乐／5%味而多
酿造方法	采用波尔多传统方式酿造，再按不同的葡萄品种分别储存于橡木桶中16～20个月不等，每年更换80%～100%的全新橡木桶。
副标	Chevalier de Lascombes／Château Segonnes
年生产量	6000箱×12瓶

品尝注解	高浓郁酒体，艳丽鲜红色泽，果香佳、细致、高雅，多重复杂气息，协调性佳。
知名度	中高
较佳年份	2000年之前的酒质不稳定。2001年之后完全改观，品质相当高，已不像典型玛歌产区的酒体。
出口价格	€40～€70
储存潜力	15～25年
价格	以玛歌二级酒庄名气、品质及其知名度来论，可谓相当合理。
整体评价	★★★

Map P.041 ❹

玛乐事酒庄

Château Malescot-Saint-Exupéry

（正标）

（副标）

　　对于亚洲人来说，这个酒庄的名称有些冗长及难念，也难以理解。其实这个名字来自两个前后任的主人，第一位主人为时任法王路易十四的议员Malescot家族，于1667年买下此酒庄，第二位主人Saint-Exupéry则于1827年承接，将两位主人的家族姓氏加在一起，就变成现在的庄园名称。1955年由英国W.Hchaplin公司的Paul Zuger家族接手。这座美丽的酒庄坐落于玛歌镇的中心，其葡萄园区与玛歌酒庄毗邻，经由Zuger家族几十年来的努力，为让酒质更精致完善，占地45公顷的葡萄园区，却只有23.5公顷栽种葡萄，庄园主人期许自己有朝一日能让玛乐事酒庄成为玛歌区的指标性酒庄。

基本资料

法定产区	玛歌　Margaux
分级	三级（1855年）　3eme Grand Cru Classe en 1855
葡萄园面积	23.5公顷
葡萄树龄	平均25年
年生产量	10000箱×12瓶
土质	深层砂砾土／石灰岩及黏土泥灰质
葡萄品种	50%赤霞珠／35%美乐／ 10%品丽珠／5%味而多
酿造方法	采用传统玛歌方式酿造，自然温度下于橡木桶中 储存12～14个月，每年更换80%的全新橡木桶。
副标	Château Loyac／La Dame de Malescot
年生产量	3000～4000箱×12瓶

品尝注解	高酒体，深红色泽、丰富、饱满、果香佳，协调性佳。
知名度	中
较佳年份	1980年以后品质均佳，维持良好水准，2005年之后的酒质已不像典型玛歌。
出口价格	€33～€60
储存潜力	12～25年
价格	以玛歌三级酒庄名气及其品质来论，价格偏高些。
整体评价	★★★

Map P.041 **5**

玛歌酒庄
Château Margaux

（正标）

（副标）

　　玛歌酒庄是玛歌产区唯一分级为一级的酒庄，同时也是酒庄名称与产区名相同的酒庄，庄园由Lestonnac家族建立于16世纪末。家族拥有酒庄百余年，其间经历许多转折。18世纪初Marquis de La Colonilla伯爵购得庄园，并开始设计建造。现今坐落在酒庄的古堡建筑，十分壮观、宏伟及华丽，可谓建筑历史的代表作之一。在被评为分级一级酒庄前，Colonilla家族就已将庄园出售，之后又多次易手，一直到近百年后的1934年，才由波尔多知名酒商吉内斯特（Ginestet）接手，重新整顿，并加强各方面的管理，让酒庄进入另一个新的历程；但好景不长，吉内斯特（Ginestet）在资金窘困下被迫出售庄园，1977年，酒庄出售给安德烈·门采洛保洛斯（Andre Monteze Lopoulos），没几年安德烈·门采洛保洛斯去世后，庄园由他的女儿科琳娜·门采洛保洛斯（Madame Corinne）接管。1987年，部分股权售予意大利Agnelli，但仍由科琳娜·门采洛保洛斯经营管理。酒庄四百年来的历史，一直是上上下下、起起伏伏，宛如一出剧情离奇曲折、高潮迭起的古装连续剧。所幸，新东家这三十年来努力经营，盖了新的地下酒窖，重新整建花园，让酒庄恢复昔日的辉煌。

玛歌产区

基本资料

法定产区	玛歌　Margaux
分级	一级（1855年）1er Grand Cru Classe en 1855
葡萄园面积	87公顷
葡萄树龄	平均38年
年生产量	15000～16000箱×12瓶
土质	砂砾石层土、黏土
红葡萄品种	75%赤霞珠／5%味而多／20%美乐
白葡萄品种	100%长相思
酿造方法	采用波尔多传统方式酿造，再按不同的葡萄品种分别储存于橡木桶中 18～24 个月不等，每年更换100%的全新橡木桶。
副标	Pavillion Rouge du Château Margaux（红酒） Pavillion Blanc du Château Margaux（白酒）
年生产量	15000～16000箱×12瓶

品尝注解｜深宝石红色泽，酒质的特色为细致（Fineness）、丰富、柔美、高雅、多重复杂香气，协调性佳。

知 名 度｜高

较佳年份｜曾在1945 年至 1950年连续几年间酿出杰出酒质；之后中断，1978年后再现原来水准，除中间几年气候影响稍差之外，其余品质均相当高。

出 口 价｜€400～€660，2000年、2005年价格被不断炒作，2010年预购开盘价已破历史价格达€660。2011年有所回落。

储存潜力｜20～40年

价　　格｜非常高，尤其是被炒作的特别年份，但拥戴支持者络绎不绝。

整体评价｜★★★★

Map P.041 ③

阿莱斯姆—贝克侯爵酒庄

Château Marquis D'Alesme Becker

（正标）

（副标）

　　建立于17世纪初期的阿莱斯姆-贝克侯爵酒庄，也算是此区古老之酒庄之一。酒庄本身不大，也不太引人注意，16公顷的庄园，坐落于玛歌镇内，与玛歌酒庄为邻。酒庄的古堡建筑物，原先属于得世美（Desmirail）酒庄。酒庄由英国Whehaplin公司之Zuger家族经营管理，与玛乐事（Malesot）酒庄一同管理。虽然是不大的酒庄，但小而美，其酒质有着与其他酒庄不同的特有个性。

　　酒庄的主人也不太在意那些所谓酒评杂志、书籍或专家的评价，也不会刻意去讨好这些人所喜欢的酒型，完全按照自己的方式去酿酒；近几年来，除了酒质相当稳定之外，价格也在微幅上涨中。

基本资料

法定产区	玛歌 Margaux
分级	三级（1855年） 3eme Grand Cru Classe en 1855
葡萄园面积	16公顷
葡萄树龄	平均25年
年生产量	8000箱×12瓶
土质	矽土深层砂砾土
葡萄品种	30% 赤霞珠／45%美乐／ 15%品丽珠／10%味而多
酿造方法	采用传统玛歌方法酿造，再按不同的葡萄品种 分别储存于橡木桶中12个月，每年更换30%的 全新橡木桶。
副标	Marquise d' Alesme

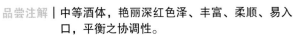

品尝注解	中等酒体，艳丽深红色泽、丰富、柔顺、易入口，平衡之协调性。
知 名 度	中低
较佳年份	1995年以来酒质均维持平稳，没有特殊表现。
出口价格	€17～€22
储存潜力	12～20年
价 格	以玛歌三级酒庄名气及其品质来论，可算物超所值。
整体评价	★★☆

Map P.041 ⑦

德美侯爵酒庄

Château Marquis de Terme

（正标）

（副标）

　　此一酒庄原是霍颂家族于17世纪中期买下的酒庄，到了18世纪中期，家族中的女儿与德美侯爵（Marquis de Terme）缔结姻缘，而将其中的三十公顷园区作为嫁妆。四十公顷不算小的庄园，坐落在玛歌及康蒂的山坡上，有着绝佳的深层砂砾土，一公顷采收10000公斤，葡萄树龄均在35年，葡萄全以手工采收。近些年来酒庄也致力于改善酿酒设备，使酒庄设备更专业及现代化，葡萄园区也保持相当好，只是产量稍微多了些。此酒庄所生产的酒，基本上大多直接在法国本国市场销售，外销的数量并不多，因此亚洲地区的消费者对此酒庄较陌生。

基本资料

法定产区	玛歌 Margaux
分级	四级（1855年） 4eme Grand Cru Classe en 1855
葡萄园面积	40公顷
葡萄树龄	平均35年
年生产量	15000箱×12瓶
土质	深层砂砾土
葡萄品种	55% 赤霞珠／35%美乐／ 3%品丽珠／7%味而多
酿造方法	采用波尔多传统方式酿造，再按不同葡萄品种置于 橡木桶中18个月，每年更新30%～50%的全新橡 木桶。
副标	Les Gondats de Marguis de Terme
年生产量	2500箱×12瓶

品尝注解	中高酒体，艳丽深红色泽、丰富、平衡之协调性。
知 名 度	中低
较佳年份	1980年以后其酒质尚称稳定，2005年之后感觉有些进步。
出口价格	€25～€26
储存潜力	12～20年
价　　格	以玛歌四级酒庄及其酒质来论，价格尚称合理。
整体评价	★★

Map P.041 **8**

帕尔梅酒庄
Château Palmer

（正标）

（副标）

　　被称为超级第二的帕尔梅酒庄，坐落在玛歌的依珊（Issan）村庄。这个属于18世纪的古堡建筑物，是由当时的主人Pereire家族于1860年修建完成的。帕尔梅酒庄名称之由来，乃是在19世纪初期，滑铁卢之役法国战败后，驻守于波尔多的英国将军帕尔梅（Palmer）向Gascq家族买下或接收了此酒庄，并将庄园更名为"Château-Palmer"。酒庄在当时因有英国将军的威名及其良好的社交关系，因此也可算是著名的酒庄之一。

　　但在19世纪中期，经营不善，酒庄转售到银行家Pereire家族手中，之后投入了大量资金，更新酿酒设施，并重新栽种葡萄树，才让酒庄起死回生。现在酒庄被法国的Bouteiller、荷兰的Mahler Besse及英国的Sichel共同拥有股份，酒庄真正的声誉建立在这40年间，特殊的黑底金字标签设计，让人印象深刻。

基本资料

法定产区	玛歌 Margaux
分级	三级（1855年） 3eme Grand Cru Classe en 1855
葡萄园面积	52公顷
葡萄树龄	平均38年
年生产量	年生产量：10～12箱×12瓶
土质	深层砂砾土／沙质砂砾土
葡萄品种	47%赤霞珠／47%美乐／6%味而多
酿造方法	使用大钢槽在自然温度下发酵，再采用波尔多传统方式酿造，并依不同葡萄品种置于橡木桶中储存18～24个月，每年更换50%之全新橡木桶。
副标	Alter Ego du Château Palmer（1998）／ Reserve du General（不是每年生产）
年生产量	6000箱×12瓶

品尝注解	中高酒体、深宝石红色泽、丰富、高雅、细致、柔美、多种复杂香气，可谓佳作。
知 名 度	高
较佳年份	从1961年至今酒质均佳，即使不好的年份也不差，2009年预购价已飙到€215。
出口价格	€160～€200
储存潜力	20～40年
价　　格	虽是玛歌三级酒庄，但经常被称为超级第二，挑战第一，因此价格虽高，但有特定的喜爱者。
整体评价	★★★★

Map P.041 **18**

宝爵酒庄
Château Pouget

（正标）

　　坐落于玛歌康蒂区的宝爵酒庄，是个约10公顷的小酒庄，虽然在1855年被评为分级四级酒庄，但常被认为是波伊-康蒂（Boyd-Cantenac）的副标酒，两个酒庄均为吉耶梅家族（Guillemet）所拥有，1982年之前两个酒庄的酒都在此酿造、装瓶，直到1983年之后才将其分开。1990年之前其酒质较为粗糙，没有特色，改造之后才有了比较大的进步，产量并不多，因此购买及饮用此酒的机会也不多，近几年已可以在亚洲找到它的踪影。

基本资料

法定产区	玛歌 Margaux
分级	四级（1855年）　4eme Grand Cru Classe en 1855
葡萄园面积	10公顷
葡萄树龄	平均37年
年生产量	4000箱 × 12瓶
土质	于4纪时堆积沉淀的沙质砂砾土，有良好的排水系统
葡萄品种	60% 赤霞珠／30%美乐／ 10%品丽珠
酿造方法	于大钢槽中用自然温度发酵，浸皮程序的期间约2～5 周，根据每年的葡萄而调整，储存于橡木桶12～18个 月，每年更换30%～50%的全新橡木桶。

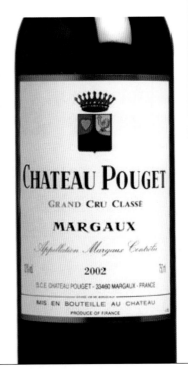

品尝注解	中高酒体，比较不符合期待中的四级酒。 深红色、平顺、柔和、平凡、没有特色。
知 名 度	低
较佳年份	1990年之后酒质较佳些。
出口价格	€12～€18
储存潜力	12～20年
价　　格	虽然不是特别显眼，但价格也不高，可以 接受。
整体评价	★★

Map P.041 ⑪

力仙酒庄

Château Prieuré-Lichine

（正标）

　　如同波尔多的许多庄园，其历史的根源都是从修道院开始的。坐落在玛歌康蒂的力仙庄园，建于16世纪，由当时的班尼迪克（Benedictine）的僧侣、修道士们从小园区开始慢慢将其扩大。拥有70公顷葡萄园的力仙酒庄，有着华丽迷人的古堡建筑，曾被忽略了很长一段时间，一直到1952年亚力克西·利基尼（Alexis Lichine）买下这座酒庄之后，才将其重建，还包括葡萄园的扩展工作等。利基尼（Lichine）于1989年过世之前，几乎将此当成他在欧洲的家，之后由其儿子Sacha接管了约10年，1999年售予现在的主人巴朗德（Ballande）家族集团，并委托知名酿酒师Michel Rolland 监督管理。

　　1990年起，1.5公顷的小园区，栽种了8%的长相思及20%的赛蜜蓉品种，生产少量的白葡萄酒，取名为"Le Blanc du Château Prieure- Lichine"。

基本资料

法定产区	玛歌 Margaux
分级	四级（1855年） 4eme Grand Cru Classe en 1855
葡萄园面积	70公顷
葡萄树龄	平均30年
年生产量	33000箱×12瓶（包括副标酒）
土质	沙土及深层砂砾土
葡萄品种	54% 赤霞珠／40%美乐／ 5%味而多／1%品丽珠
酿造方法	发酵前先在较低的温度下做浸皮程序，而（苹果酸）酵母发酵于木桶中，于木桶中存放16个月，每年更换60%的新橡木桶。
副标	Le Cloitre du Château Prieure–Lichine／ Le Haut–Médoc du Prieure
年生产量	7000～8000箱×12瓶

品尝注解	中高酒体，暗红色泽、丰富、饱满、细致，协调性佳。
知名度	中低
较佳年份	1999年之后品质较佳，2005年后有较大的进步。
出口价格	€28～€38
储存潜力	10～20年
价　格	以玛歌四级酒庄名气，加上其悠久历史、知名度及品质来论，价格尚合理。
整体评价	★★★

Map P.041 **9**

瑚赞-歌仙酒庄
Château Rauzan-Gassies

（正标）

（正标）

在1789年法国大革命之前，瑚赞-歌仙酒庄，其实与瑚赞-塞格拉酒庄（Château Raur-Ségla）是同一个庄园，当它们分开后瑚赞-歌仙变成没有古堡建筑物的酒庄，大部分的葡萄园区都在加龙河（Garrone），原来的河床上，是刚好完美的良好土质。本酒庄在18世纪之前的Gassies及之后的Rauzan，在当时都是贵族的成员，都拥有相当的权势，也让酒庄名扬于英国、法国之间，曾经兴盛，也曾没落。1945年Ouie家族买下了这座酒庄后至1995年之前也没有太突出的表现，近十年来有较大的进步。

基本资料

法定产区	玛歌　Margaux
分级	二级（1855年）2eme Grand Cru Classe en 1855
葡萄园面积	30公顷
葡萄树龄	平均30年
年生产量	12000箱×12瓶
土质	深层砂砾土及沙质砂砾土
葡萄品种	65% 赤霞珠／25%美乐／ 10%品丽珠
酿造方法	用自然温度控制酿造，在放入酵母菌之前先放入酵素约2天，于橡木桶中存放12～18个月，每年更新30%的新橡木桶。
副标	Ewclose de Mowchbon（不一定生产）

品尝注解	高酒质，饱满、丰富、细致度稍差，不太像玛歌传统酒。
知名度	中
较佳年份	1998年、2000年、2003年、2005年、2009年等近十年的酒质，有长足的进步。
出口价格	€28～€36
储存潜力	15～25年
价格	以玛歌二级酒庄名气来论，酒质尚可，价格算是偏低，可算物美价廉。
整体评价	★★★

Map P.041 ⑫

瑚赞-赛格拉酒庄

Château Rauzan-Ségla

（正标）

（副标）

　　瑚赞-赛格拉酒庄，算是玛歌地区历史悠久及相当著名的酒庄之一，但近年来却是命运多舛，17世纪酒类运输商瑚赞（Rauzan）从贵族加西（Gassies）手中取得此庄园，瑚赞家族拥有此庄园直到1866年，而后由克鲁斯（Cruse）家族接手了好几代，1960年被利物浦John Holt公司买下，交由酒商LouisenChenauer经营，在1989年酒商Louis将酒庄转售给BrentWalker，而后者又在1994年转让给香奈尔（Chanel）公司，并委由拉图酒庄经营。此后，由于积极改善酿酒设施，让酒庄再度重振昔日声誉，20世纪90年代开始，其酒质便一直在不断进步中。

　　香奈尔公司的WerthEimer兄弟在圣埃米利永产区持有另一个知名酒庄卡侬（Château Canon）。

基本资料

法定产区	玛歌 Margaux
分级	二级（1855年）2eme Grand Cru Classe en 1855
葡萄园面积	51公顷
葡萄树龄	平均25年
年生产量	8000箱×12瓶
土质	无杂质的深质砂砾土及黏土
葡萄品种	54% 赤霞珠／41%美乐／4%味而多／1%品丽珠
酿造方法	于大钢槽中酒精发酵6～8天，浸皮程序12～15天，再放于法国橡木桶中18～20个月，于装瓶前加入新鲜蛋白去除杂质，每年更换60%的全新橡木桶。
副标	Ségla
年生产量	8000箱×12瓶

品尝注解	高饱满、丰富、浓郁；1990年之后的酒质较细致、柔美、香气佳，结构体佳。
知名度	中
较佳年份	20世纪90年代中期之后酿造出了许多品质相当良好之佳品。
出口价格	€58～€84
储存潜力	15～30年
价　格	以玛歌二级酒庄名气、酒质及其悠久历史来论，价格相当合理。
整体评价	★★★

Pauillac

波亚克产区 |

波亚克产区与南方的圣于连（Saint-Julien）产区及北方的圣爱斯泰夫（Saint-Estèphe）相毗邻，全区面积二千五百多公顷，葡萄园栽种面积约一千公顷，1855年分级评鉴中有18家酒庄被评为顶级分级酒庄，当时有两家一级酒庄，1973年木桐（Mouton Rothschild）酒庄由二级晋升为一级，成为第三家一级酒庄，也把该区变为梅多克四个小产区中一级酒庄最多的产区。

波亚克产区一直以来均维持着相当程度的声誉及水准，大部分的人对它也有良好口碑及形象，因土质与气候的关系，酒质的特色是浑厚、浓郁、饱满，有较强的丹宁，含丰富黑醋栗香及多重复杂气息，较适合陈年后饮用，需用较长的时间去慢慢欣赏它所蕴藏的内涵。

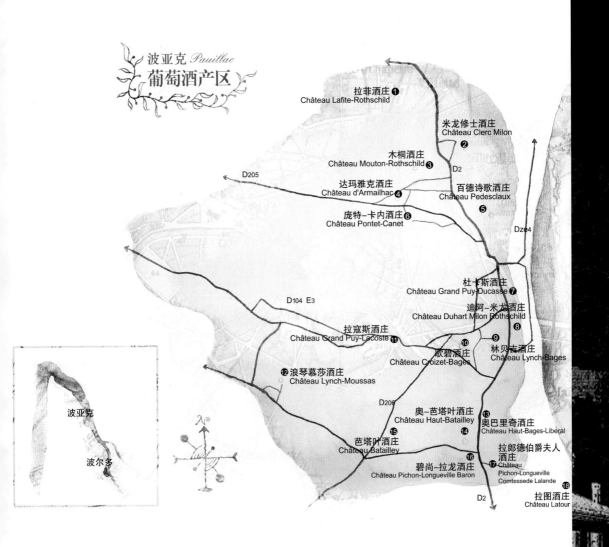

波亚克 *Pauillac*
葡萄酒产区

拉菲酒庄 ❶
Château Lafite-Rothschild

米龙修士酒庄
Château Clerc Milon
❷

木桐酒庄
Château Mouton-Rothschild ❸

D2

D205

达玛雅克酒庄
Château d'Armailhac ❹

百德诗歌酒庄
Château Pedesclaux
❺

庞特−卡内酒庄 ❻
Château Pontet-Canet

Dze4

杜卡斯酒庄
Château Grand Puy-Ducasse ❼

迪阿−米龙酒庄
Château Duhart Milon Rothschild
❽

D104 E3

拉寇斯酒庄
Château Grand Puy-Lacoste ⓫

❿

❾

歌碧酒庄
Château Croizet-Bages

林贝吉酒庄
Château Lynch-Bages

⓬ 浪琴慕莎酒庄
Château Lynch-Moussas

D206

奥−芭塔叶酒庄 ⓭
Château Haut-Batailley

奥巴里奇酒庄
Château Haut-Bages-Liberal

⓮

⓯ 芭塔叶酒庄
Château Batailley

拉郎德伯爵夫人
酒庄
⓱ Château
Pichon-Longueville
Comtessede Lalande

⓰

碧尚−拉龙酒庄
Château Pichon-Longueville Baron

⓲
拉图酒庄
Château Latour

D2

波亚克

波尔多

λ

Map P.85 **15**

芭塔叶酒庄
Château Batailley

（正标）

　　芭塔叶酒庄可算是大梅多克区最古老的庄园之一，它的悠久历史要回溯到15世纪的法英战争。芭塔叶庄园就是当年战争的遗址，酒庄的法文名称"Batailley"，也就是战争之意，葡萄园区就坐落在砂砾层土面向纪龙德河（Gironde）倾斜坡上，良好的排水，绝佳的土质生产出高品质的葡萄。

　　此酒庄的酒，有时会被过于低估价格，但酒庄的政策是宁愿长期地直接面对顾客，也不要通过中间酒商（Negociant）来经销，此酒庄曾经在20世纪50年代酿造出了几个经典年份的好酒。

基本资料

法定产区	波亚克 Pauillac
分级	五级（1855年） 5eme Grand Cru Classe en 1855
葡萄园面积	57公顷
葡萄树龄	平均40年
年生产量	25000箱×12瓶
土质	深层砂砾土
葡萄品种	70%赤霞珠／3%品丽珠／ 25%美乐／2%味而多
酿造方法	以手工采收及挑选葡萄，放于大钢槽中发酵，为一种冗 长的酿造方法，而后将不同葡萄品种分别储存于木桶中 14～18个月，每年更换60%的全新橡木桶。
副标	Château Haut Bages Monpelou

品尝注解	中高酒体，深红色泽、良好之结构体，熟成之丹宁、传统之黑醋栗果香。
知名度	中
较佳年份	1980年开始至今酒质尚称稳定。
出口价格	€18～€25
储存潜力	15～25年
价格	以波亚克五级酒庄及其酒质来论，价格合理。
整体评价	★★★

Map P.85 ❷

米龙修士酒庄
Château Clerc Milon

（正标）

　　酒庄位于波亚克（Pauillac）北方的米隆（Milon）村庄，接近著名的木桐（Mouton）及拉菲（La Fite）酒庄。从1855年被评为分级酒庄五级，庄园名称至今没有更改。"Clerc"是原来庄园主人的名字，葡萄园区处在路与河之间的地带。此酒庄在1970年被Baronne Philippine de Rothschildgfa买下前，疏于照料管理，荒废了很长的一段时间；而后经由Mouton Rothschild工作团队改良技术、更新酒窖及古堡建筑维修方面的努力，这些年来，已慢慢受到人们的肯定与喜爱，但一级酒庄的名气应该也是原因之一。

基本资料

法定产区	波亚克 Pauillac
分级	五级（1855年） 5eme Grand Cru Classe en 1855
葡萄园面积	32公顷
葡萄树龄	平均54年
年生产量	10000箱×12瓶
土质	深层砂砾土及黏土
葡萄品种	48%赤霞珠／34%美乐／ 14%品丽珠／3%味而多／1%卡门奈
酿造方法	采用波尔多传统方式，于大钢槽中发酵，再放于橡木桶中16个月，每年更换1/3的全新橡木桶。
副标	N/A

品尝注解	中高酒体，深宝石红色泽、丰富、饱满，有黑醋栗及樱桃果香、需陈年。
知名度	中
较佳年份	从1985年起到2009年，酒质稳定，没有特别杰出，但也酿出了好酒。
出口价格	€35～€50
储存潜力	15～25年
价格	虽为五级酒，但酒质佳；虽价格偏高，但可接受。
整体评价	★★☆

Map P.85 **⑩**

歌碧酒庄

Château Croizet-Bages

（正标）

（副标）

　　虽然酒庄名字之前也冠上了"Château"，但事实上它是一个没有古堡建筑的酒庄，坐落在波亚克（Pauillac）南边的贝吉村，近邻是另一家五级酒庄林贝吉（Lynch-Bages）。葡萄园区坐落在贝吉（Bages）村庄中心的高原上，山坡并不太陡峭，有着良好的排水及结构完整的土质。酒庄由Bages家族创立于16世纪，也有多变的历史故事，在法国大革命的末期被Croizet兄弟接手，19世纪中期被Juliencalve买下，于第二次世界大战后才由现在的主人Paul Quie拥有至今，现交由其儿子Jean Miehel Quie来经营管理。

基本资料

法定产区	波亚克　Pauillac
分级	五级（1855年）　5eme Grand Cru Classe en 1855
葡萄园面积	29公顷
葡萄树龄	平均25年
年生产量	12000箱×12瓶
土质	砂砾土的红沙土／深层砂砾土
葡萄品种	55%赤霞珠／35%美乐／10%品丽珠
酿造方法	采用波尔多传统方式酿造，再放于橡木桶中12～18个月，每年更换20%的全新橡木桶。
副标	La Tourelle de Croizet Bages

品尝注解	中高之酒体，柔美平衡协调性，有着传统的黑醋栗及香草香。
知名度	中
较佳年份	从1995年之后酒质稳定，有长足的进步。
出口价格	€17～€21
储存潜力	12～20年
价　格	以波亚克五级酒庄及其酒质来论，价格相当实惠。
整体评价	★★

Map P.85 ❹

达玛雅克酒庄
Château d'Armailhac

（正标）

酒庄坐落于一级酒庄木桐酒庄（Mouton Rothschild）门前数百米的地方，古堡建筑被美丽的葡萄园地所环绕。酒庄从18世纪就被D'Armailhac家族所持有，一直到1933年被Baron Philippe家族取得后更名为Mouton d'Armailhac，而到1956年又更名为Mouton Baron Philippe。在1975年为纪念其妻子，又将Baron更改为Baronne。1991年其女儿觉得酒庄名称与他们家族所拥有的另一座一级酒庄容易混淆，最后将名称改回最原来的Château d'Armailhac，因为她觉得酒庄有其特别的风格与特色，应当给予尊重。由于有大哥Mouton的技术、监制和管理，这些年来酒质有长足的进步。

波亚克产区

基本资料

法定产区	波亚克　Pauillac
分级	五级（1855年）5eme Grand Cru Classe en 1855
葡萄园面积	50公顷
葡萄树龄	平均49年
年生产量	15000箱×12瓶
土质	深层砂砾土
葡萄品种	57%赤霞珠／21%美乐／ 20%品丽珠／2%味而多
酿造方法	采用波尔多传统方式，于大钢槽中发酵，再放于橡木桶中 16个月，每年更换1/3的全新橡木桶。
副标	N/A

品尝注解｜中高酒体，深红色泽，还算丰富，有着
梅子、黑醋栗果香，协调性佳。

知 名 度｜中

较佳年份｜从1990年之后酒质算稳定，2000年、
2009年的酒质表现较佳。

出口价格｜€28～€33

储存潜力｜15～20年

价　　格｜以波亚克五级酒庄及其酒质来论，价格
算稳定合理。

整体评价｜★★☆

Map P.85 **8**

迪阿—米龙酒庄

Château Duhart
Milon Rothschild

（正标）

（副标）

　　这是一座没有古堡建筑物的酒庄，原来的名称为 "Château Duhart"，虽然在1855年被评为分级四级酒，葡萄园区也有67公顷之大，但中间曾疏忽了好长一段时间；1962年，Domaines Baron de Rothschild取得此酒庄时，大约只有四分之一的葡萄园区栽种着葡萄，因此所有的葡萄园都是在新主人接手后才开始重新整理栽种的，葡萄园区坐落在Carruades的高原上，而储酒窖及大钢桶则在波亚克村，近十年来的努力取得了一些不错的成果。

波亚克产区

基本资料

法定产区	波亚克 Pauillac
分级	四级（1855年）4eme Grand Cru Classe en 1855
葡萄园面积	677公顷
葡萄树龄	平均28年
年生产量	20000箱×12瓶
土质	砂砾土及黏土砂砾土
葡萄品种	70%赤霞珠／25%美乐／ 5%品丽珠
酿造方法	采用传统波亚克的酿造方式，依不同的葡萄品种储存于不同的橡木桶中14～16个月，每年更换50%的全新橡木桶。
副标	Moulin de Duhart（不在公开市场销售）

品尝注解	中高酒体，深红色泽、丰富、典雅，有多重复杂香气。
知 名 度	中
较佳年份	从1996年之后才感觉到酒质的水准。
出口价格	€45～€60
储存潜力	15～25年
价 格	以波亚克四级酒庄及酒质、价格来论，可以接受。
整体评价	★★★

Map P.85 ❼

杜卡斯酒庄

Château Grand Puy-Ducasse

（正标）

（副标）

　　1855年被评为分级五级酒庄时的酒庄名称为"Château Artigues Arnaud"。17世纪的Arnaud Ducasse买下了坐落在纪龙德（Gironde）河湾口的这座小酒庄。大约只有10公顷面积，他大概没有想到他的家族拥有此酒庄将近三世纪之久，1971年新主人买下此庄园后，又继续向外购地，第一块葡萄园区与奥-芭塔叶（Batailley）及拉寇斯（Grand Puy-Lascoste）酒庄毗邻；第二块葡萄园园区则与两家知名的碧尚（Pichon）酒庄为邻，因此它的葡萄园产区虽属于波亚克，但却横跨了三个村，包括Pauillac、Saint Lambert、Saint Sauveur，这是一个比较奇特的现象。酒庄的主建筑物坐落在河岸口，算是比较现代化，由他的子孙在19世纪的初期在原来的地址重建。

基本资料

法定产区	波亚克　Pauillac
分级	五级（1855年）5eme Grand Cru Classe en 1855
葡萄园面积	40公顷
葡萄树龄	平均25年
年生产量	10000箱×12瓶
土质	加龙河砂砾土及矽酸砂砾土
葡萄品种	60% 赤霞珠／40%美乐
酿造方法	采用最先进的科学技术酿造，将葡萄轻轻挤压在大钢槽中发酵，这些葡萄来自不同的葡萄园，因此分开发酵，而后分别储存在橡木桶中16～20个月，每年更换30%～40%的全新橡木桶。
副标	Château Artigues Arnaud／Prelude a Grand–Puy Ducasse

品尝注解｜中高酒体，深红色泽、柔美度稍差、饱满、果香佳、可陈年。

知 名 度｜中

较佳年份｜从1995年起的年份均不错，均维持在相当的水准。

出口价格｜€21～€28

储存潜力｜10～20年

价　　格｜以波亚克五级酒庄及其酒质来论，尚可接受。

整体评价｜★★☆

Map P.85 **11**

拉寇斯酒庄
Château Grand Puy-Lacoste

（正标）

（副标）

　　完整的一大片葡萄园区就在古堡建筑的前面，坐落在贝吉村的高原上，在1855年被评为分级五级酒庄时的庄园名称为"Château Grand Puy"，一直以来，此酒庄的名声都不错。1932年Raymond Dupin取得此酒庄，十分用心经营。直到1978年因年事已高，无人接手而被迫出售给现在的主人博里（Borie）家族，而这个家族也同时拥有圣于连区知名的宝嘉龙（Ducru Beaucaillou）酒庄及波亚克的奥-芭塔叶（Haut Batailley）酒庄，为了持续酿造更佳的酒质，博里（Borie）决定从1980年开始将酿造酒改为不锈钢大槽。此酒庄的酒也被一般人称为"行家们所选择的酒"。

基本资料

法定产区	波亚克　Pauillac
分级	五级（1855年）5eme Grand Cru Classe en 1855
葡萄园面积	50公顷
葡萄树龄	平均25年
年生产量	15000箱×12瓶
土质	深层砂砾土
葡萄品种	75%赤霞珠／25%美乐
酿造方法	采用波尔多传统方法酿造，再按葡萄品种不同储存于橡木桶中18～22个月，每年更换30%～50%的全新橡木桶。
副标	Lacoste-Borie
年生产量	12000箱×12瓶

品尝注解	中高酒体，深红色泽、饱满、丰富、活力、多种复杂香气、可久藏。
知名度	中
较佳年份	从1980年之后酒质均稳定，1995年之后比较杰出，2000年、2006年、2009年较佳。
出口价格	€38～€58
储存潜力	15～25年
价　格	以波亚克五级酒庄来论，价格虽偏高，但酒质不错。
整体评价	★★☆

Map P.85 ⑬

奥巴里奇酒庄

Château Haut-Bages-Liberal

（正标）

（副标）

在1855年被评为分级酒庄五级时的酒庄名称为"Château Haut-Bages"，此名称的由来，是因为酒庄就坐落在上贝吉村（Haut-Bages），有人称呼此酒庄为"珍珠"，它也有着多变的历史及命运。18世纪第一个接手的Liberal家族，就将其家族名称冠于酒庄名称前。1960年Cruse家族接手后，将部分园区卖给了另一知名的庞特-卡内（Pontet-Canat）酒庄，1983年被维拉尔（Villars）家族买下至今，维拉尔（Villars）家族也同时拥有知名酒庄Chasse-Spleen。

其实，此酒庄拥有特别好的天然园区条件——其庄园中几乎有一半的园区与知名的一级酒庄拉图（Latour）为邻，另一部分则与二级酒庄碧尚（Pichon）为邻，拥有相当好的地利之便。

基本资料

法定产区	波亚克　Pauillac
分级	五级（1855年）　5eme Grand Cru Classe en 1855
葡萄园面积	30公顷
葡萄树龄	N/A
年生产量	14000箱 × 12瓶
土质	加龙河深层砂砾土及黏土石灰岩砂砾土
葡萄品种	80%赤霞珠／20%美乐
酿造方法	采用手工采收，酿造及发酵的温度低于30度，不超过3～4周，再放于橡木桶中18个月，每年更换40%的全新橡木桶。
副标	Pauillac de Haut Bages Liberal

品尝注解│中高酒体，深红色泽、细致、丰富、柔美、果香佳，不太像波亚克酒质。

知　名　度│中

较佳年份│从1980年以后酒质年年进步，2000年以后更佳。

出口价格│€22～€30

储存潜力│12～25年

价　　　格│以波亚克五级酒及其酒质来论，价格稳定适中。

整体评价│★★☆

Map P.85
14

奥一芭塔叶酒庄

Château Haut-Batailley

（正标）

（副标）

本酒庄是原来的"Château Batailley"分割出来的，分割出来的这部分园区较小，只有22公顷园地，而且也没有古堡建筑物，因古堡建筑物在原来的地方，当博里（Borie）家族于1942年买下此庄园时，它已被前任主人分割成两半，分给了两个酒商（Negociant）兄弟。由于前庄园主人疏于照料，因此博里（Borie）家族接手后就重整园区，博里（Borie）家族也同时拥有其他两个知名酒庄——同一产区的拉寇斯（Grand Puy-Lacoste）酒庄及圣于连产区的宝嘉龙（Ducru Beaucailoux）酒庄。由于与其他两个酒庄一起经营及管理，让这三家酒庄得到了不错的效果。

基本资料

法定产区	波亚克 Pauillac
分级	五级（1855年）5eme Grand Cru Classe en 1855
葡萄园面积	22公顷
葡萄树龄	平均35年
年生产量	10000箱×12瓶
土质	深层砂砾层土
葡萄品种	65%赤霞珠／25%美乐／10%品丽珠
酿造方法	采用波尔多传统方法酿造，再按葡萄品种不同储存于橡木桶中18~20个月，每年更换35%的全新橡木桶。
副标	Château la Tour-d'Aspic

品尝注解｜中高酒体，丰富、亮丽深红色泽，高雅、细致、柔顺。

知 名 度｜中等

较佳年份｜从1990年以来一直维持稳定水准。

出口价格｜€20~€28

储存潜力｜12~20年

价　　格｜以波亚克五级酒及酒质来论，可以接受。

整体评价｜★★☆

Map P.85 ① 拉菲酒庄

Château Lafite Rothschild

（正标）

（副标）

拉菲酒庄乃是于1855年被评为一级酒庄的四家酒庄之一，被喻为法国葡萄酒的"皇后"，建立于14世纪中期，有着悠久的历史，酒庄于17世纪时被酒业名人塞居尔（J.D.Segur）买下，他同时也是知名酒庄——拉图（Latour）、木桐（Mouton）及卡龙世家（Calon Ségur）的主人，其富有程度可见一斑。也因为当时的皇宫贵族及社会上流人士对此酒庄情有独钟，故名噪一时。但好景不长，18世纪中期，西格家族的第三代主人去世后，拉菲酒庄就迈入了它的黑暗历史期。一百年之后的19世纪中期，由现在家族的祖先罗斯柴尔德男爵（Baron James Rothschild）以超高价格购得。期间，经历了第一次、第二次世界大战的再次黑暗期。拉菲的真正复兴是在再过一百多年之后的20世纪。20世纪70年代，年轻接班人的表现让人十分失望，一直到1975年之后，几个前后任著名的酿酒师介入，才使得酒质显得生动、活泼、鲜明了起来，翻开了酒庄的历史新页。

基本资料

法定产区	波亚克　Pauillac
分级	一级（1855年）　1er Grand Cru Classe en 1855
葡萄园面积	100公顷
葡萄树龄	平均45年
年生产量	16000箱×12瓶
土质	深层砂砾土
葡萄品种	70%赤霞珠／25%美乐／ 3%品丽珠／2%味而多
酿造方法	于木桶及大钢槽中发酵，用自动调节器来控制温度， 按各种不同葡萄品种分别储存于橡木桶中18～24个月， 每年更换100%的全新橡木桶。
副标	1974年时的副标名称为Moulin des Charruades， 而后更改为Carruades de Lafite-Rothschild
年生产量	20000箱×12瓶

年生产量

品尝注解 | 饱满酒体，具代表性的形容为高雅（Elegance），亮丽深
红色泽、柔美、细致、高雅、果香佳，良好的结构体。

知名度 | 高

较佳年份 | 1985年之前的年份，是会令人失望的；
从1985年之后才比较严选，酿造出了较优良的酒质。

出口价格 | €450～€950↑2011年价格有所回落。

储存潜力 | 20～40年

价　格 | 虽然贵为一级酒，但这几年价格被炒得超高，尤其是较特
别的年份，但崇拜的酒迷非常多。

整体评价 | ★★★★

Map P.85
(18)

拉图酒庄
Château Latour

（正标）

（副标）

　　拉图酒庄建立于17世纪中期，是1855年被评为一级酒庄的四家之一，虽贵为一级酒庄，但历史命运却是多变的，酒庄的主人一直不停转换。1963年之后更为惊人，酒庄已变成了财团之间的金钱游戏。英国Pearson集团买下了过半数的股权，而Harveys of Bristrol取得了25%的控股；没多久Harveys成了Allied-Lyons的成员，而Allied-Lyons也将Pearson的持股以高价买回，那是1989年的事；而1993年法国百货业龙头春天百货（le Printemps）的老板Francois Pinault以底价购得了此庄园。

　　1964年时，酒庄为改进整个酿造技术及过程，采用了当时认为先进的大不锈钢槽发酵而被告——为何一级酒庄不采用波尔多传统的大木桶发酵。但后来发现最先采用此发酵方式的不是拉图，而是另一家一级酒庄奥比昂（Haut-Brion），他们早在三年前就已经采用，对于品质上的立即性影响及差异的感受不是那么明显，因此可以说完全不影响酒的品质。

基本资料

法定产区	波亚克 Pauillac
分级	一级（1855年）1er Grand Cru Classe en 1855
葡萄园面积	66公顷（47公顷的葡萄园区在l' Enclos生产一级酒）
葡萄树龄	平均45年
年生产量	15000箱×12瓶
土质	黏土砂质土及深层砂砾土
葡萄品种	78%赤霞珠／21%美乐／0.5%品丽珠／0.5%味而多
酿造方法	于大钢槽中发酵15～25天，依不同葡萄品种分别储存于法国橡木桶中16～18个月，每年更换90%的全新橡木桶。
副标	Les Forts de Latour（年生产量／10000箱×12瓶；1990年以后在预购市场销售）
其他标	Pauillac de Lator（年生产量／1500箱×12瓶）

品尝注解	高酒体，具代表性的形容为浑厚（Density），深紫红色泽、浓郁、饱满、圆润，多重复杂香气，酒质形态与木桐（Mouton）相近。
知名度	高
较佳年份	1961年份一夕成名之后，往后年份均相当稳定，除了中间有几年气候特别差外，反而近年来的年份，好似失去它原有的特质。2000年、2003年、2005年价格不断被炒作。2010年预购开盘价已破历史价格达到€850。2011年价格有所回落。
出口价格	€420～€850
储存潜力	20～40年
价　　格	超高，尤其是被炒作的特别年份，但追求者、仰慕者不少。
整体评价	★★★★

Map P.85 ❾

林贝吉酒庄
Château Lynch-Bages

（正标）

（副标）

坐落在贝吉高原上的琳喜·贝吉酒庄，有着美丽的景观，居高临下远眺纪龙德（Gironde）河湾。它拥有上升深层砂砾层土、良好的排水，是种植葡萄的最佳土质。19世纪前酒庄由爱尔兰吉后裔——著名的Lyeh家族所拥有，这也是酒庄名称的由来。

林贝吉酒庄于1855年被评为分级酒庄五级，百年之后，1934年Jean-Charles Cazes家族取得此酒庄，而后的几十年没有特别的表现，1974年其子Jean-Michel Cazes接管后，重新整建及改革了其酿酒设备，但保留了传统的大木桶，开启了酒庄的新页。有些人相当佩服及赞美，有些人却不客气地批评此酒。赞美的人说，真是穷人的木桐（Mouton）；批评的人说，缺少气质。正反两面的说法均有。但若客观来说，该酒质是足以吸引人的。由酒庄的风格可得知稳定的酒质，可得到好的声誉与价值。

酒庄的三句座右铭：

1．不需太浓郁与饱满，也可以酿造出好酒。

2．持续性的名声，而不是只酿造两三年的好酒而已。

3．当定价格时，不需要看你隔邻酒庄的价格。

基本资料

法定产区	波亚克 Pauillac
分级	五级（1855年）5eme Grand Cru Classe en 1855
葡萄园面积	90公顷（其中4.5公顷生产白葡萄酒）
葡萄树龄	平均35年
年生产量	35000箱×12瓶
土质	深层砂砾土
葡萄品种	红酒：73%赤霞珠／15%美乐／10%品丽珠／2%味而多
	白酒：40%长相思／40%赛蜜蓉／20%密思卡岱
酿造方法	采用波亚克传统方式酿造，用大木桶浸泡、发酵，再按不同葡萄品种，储存于橡木桶中15个月，每年更换全新橡木桶。
副标	Château Haut-Bages Averous 2008年改为Echo de Lynch-Bages Blanc de Lych-Bages（白酒）
年生产量	7000箱×12瓶

品尝注解｜高浓郁酒体，深紫红色泽、丰富、饱满，梅子、黑醋栗果香，不太像波亚克传统的酒质。

知名度｜中

较佳年份｜从1990年开始，其酒质一直都稳定，也酿造出几个年度佳酿，即使在气候不佳的年份，也都不错。

出口价格｜€70～€100

储存潜力｜15～25年

价格｜以波亚克五级酒来论，价格算高，但其酒质不错。

整体评价｜★★★

Map P.85 ⑫

浪琴慕莎酒庄
Château Lynch-Moussas

（正标）

　　浪琴慕莎酒庄是在19世纪初期，也就是尚未被评为分级酒庄前，由林贝吉（Lynch-Bages）分割出来的。它是波亚克产区最西边的分级酒庄，其葡萄园区与另一知名分级酒庄芭塔叶（Batailley）相邻，其他部分葡萄园区在莫萨村（Moussas）。20世纪初期，被卡斯特雅（Casteja）家族买下，因为家族中有太多人参与经营而造成很大问题，一直到1969年，家族成员Emile Casteja买下家族中其他成员的股份，才开始真正接管，这时酒庄每年的生产量已降到了只剩几千箱，几乎近于倒闭。经由家族努力改善酿酒、储酒等设施及重新修整、栽种葡萄园区，才得以使酒庄重见生机。

波亚克产区

基本资料

法定产区	波亚克Pauillac
分级	五级（1855年）5eme grand cru classe en 1855
葡萄园面积	50公顷
葡萄树龄	平均25年
年生产量	25000箱×12瓶
土质	深层砂砾土
葡萄品种	70%赤霞珠／30%美乐
酿造方法	放于大钢槽中发酵，自然温度控制发酵后，再储存于橡木桶中，每年更换60%的全新橡木桶。
副标	Les Hauts de Lynch–Moussas

品尝注解｜中高酒体、艳红色泽、平顺、柔和。

知 名 度｜中低

较佳年份｜1996年以前的年份几乎无法令人信服，为分级酒庄，这些年有长足进步，2001年、2002年、2003年、2004年、2005年达到一定的水准。

出口价格｜€15～€21

储存潜力｜10～20年

价　　格｜以波亚克五级酒庄与其先前酒质，无法相配，但经过这些年的进步，可以尝试。

整体评价｜★ ★ ☆

Map P.85 ③

木桐酒庄
Château Mouton Rothschild

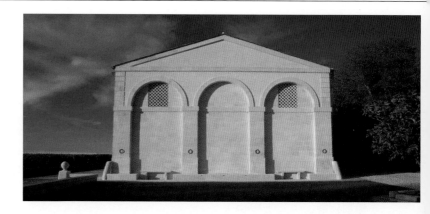

木桐酒庄在1855年的评鉴中，被评为二级的第一名，19世纪之前酒庄并不有名。直到19世纪中期，也就是1853年的评鉴前，酒庄被当时的银行家买下，也就是现在的罗特席尔德家族，1973年正式命名为"Château Mouton-Rothschild"。而真正将此酒庄带入辉煌历史的关键人物，就是菲利普（Baron Philippe），从他1922年接管葡萄庄园，一直到1988年他去世的这数十年间，酒庄彻底革新与进步。接手的第二年他就提出了一个创造性的思维，也就是倡导酿酒与装瓶应全部在酒庄内完成，而这一创举也成为往后波尔多品质优秀庄园的生产准则及保证。上述的建设性思维延伸到1945年。更令人耳目一新的另类举动，就是每年都会邀请不同的画家为其年度的酒瓶标作画，1973年的前标就是毕加索（Picasso）的酒神祭，特别对酒庄有其历史意义，因为1973年是酒庄被升为一级的那年；菲利普（Baron Philippe）的努力终于有了回报，这也是自1855年以来唯一的一次对酒庄分级的变动。1987年，在他去世的前一年，酒庄由其女儿接管至今。

Mouton的其他酒庄：

米龙修士酒庄（Château Clerc Milon）（Pauillac 第5级）；达玛雅克酒庄（Château d'Armailhac）（Pauillac第5级）；Château Coutet（Barsac Premier Cru）甜白酒；Almaviva（Chile）；第一号作品（Opus Ono）（Napa.USA）

（正标）

（副标）

基本资料

法定产区	波亚克 Pauillac
分级	二级（1855年）2eme Grand Cru Classe en 1855
	一级（1973年）1erGrand Cru Classe en 1973
葡萄园面积	84公顷
葡萄树龄	平均47年
年生产量	23000箱×12瓶
土质	深层砂砾土
葡萄品种	77%赤霞珠／12%美乐／9%品丽珠／2%味而多
酿造方法	用传统波亚克的方式酿造，于橡木桶中发酵，再存放在新的橡木桶中19～22个月，每年更新100%的全新橡木桶。
副标	Le Petit Mouton de ／ Mouton–Rothschild（1994年）
	Aile d'Argent（白酒）（1991年）
年生产量	3000～6000箱×12瓶不等（不一定每年生产）

品尝注解｜丰腴酒体（Opulence）、深紫红色泽、丰富、浓郁、饱满、圆润，有多品种复杂香气，酒质形态与拉图尔（Latour）相近。

知 名 度｜高

较佳年份｜1980年之后的年份基本品质稳定，除了中间1991年、1992年、1993年、1997年因气候不佳影响而品质稍差些。

出口价格｜€360～€700↑；2000年、2003年、2005年被不断炒作。2010年预购开盘价已破历史价格达到€695。2011年价格有所回落。

储存潜力｜20～40年

价　　格｜超高，尤其是被炒作的特别年份，但也算一级中最便宜的，钟情及爱慕者很多。

整体评价｜★★★★

Map P.85 ❺

百德诗歌酒庄
Château Pedesclaux

（正标）

百德诗歌好似默默无名的小庄园，隐藏在几个知名酒庄中。它位于波亚克产区的最北方，酒庄前方就是著名的一级酒庄——木桐（Mouton）及五级酒庄——庞特-卡内（Pontet Carnet），酒庄名称来自19世纪初一个酒类中间商（Courtier）的名字，同时在1855年被评为五级酒庄。

一直以来，百德诗歌酒庄都似隐形一般，亚洲地区的消费者对它大都陌生，但其在比利时却特别有名。因产量少，大多数的酒都销往比利时；有些销往亚洲。1950年Jugla家族买下了此酒庄，1996年年轻一代接手致力于建设及重整此酒庄，并增加产量，最重要的是品质有了提升。管理者的努力总算得到了回报，从1999年开始名声就慢慢传开来，2002年正标及瓶口收缩膜更新，显得清新亮丽，相当引人注意。

基本资料

法定产区	波亚克 Pauillac
分级	五级（1855年） 5eme Grand Cru Classe en 1855
葡萄园面积	12公顷
葡萄树龄	平均30年
年生产量	8000箱×12瓶
土质	黏土石灰岩及矽质砂砾土
葡萄品种	50%赤霞珠／45%美乐／5%品丽珠
酿造方法	采用波亚克传统方式酿造，先于大钢槽中发酵，再放于橡木桶中储存12～14个月，每年更新33%的全新橡木桶。
副标	N/A

品尝注解｜中高酒体，深红色泽、浓郁、丰富、协调性佳，多种复杂香气。

知 名 度｜中低

较佳年份｜以前年份不清，但2000年以后，其酒质均稳定且佳。

出口价格｜€12～€20

储存潜力｜15～20年

价　　格｜以波亚克五级及其近年的品质来论，可谓物美价廉。

整体评价｜★ ★ ☆

Map P.85 ⑯

碧尚-拉龙酒庄

Château Pichon-Longueville-Baron

（正标）

（副标）

　　酒庄名称如此长，对于一般亚洲人来说确实有些难记，一般都简称为"Pichen Baron"，酒庄坐落于波亚克产区的最南方，与另一法定产区圣于连接壤，又与一级酒庄拉图（Latour）为邻，因此酒质上两个产区的优点并存，刚柔、力美兼具。1855年被评为分级酒庄之二级，古堡建筑于评鉴前的1851年完成，庄园主人的独生女嫁给了Gernard de Pichon的庄园主人，就如嫁妆般相连，而后庄园的名称就是两个家族姓氏的结合。19世纪中期其子孙将庄园分成五份给予子女，儿子延续了家族的Pichon-Longueville Baron，而其中女儿嫁给了Lalande而成了伯爵夫人（Comtesse），此后有了另一个Pichon酒庄的产生，全名叫"Pichon Longueville Comtesse de Lalande"，简称"Pichon Lalande"。经历了一段黯淡的时间，终于在1987年由新主人让·米歇尔·卡兹（Jean-Michel Cazes）接手，很快地将酒庄转入另一个新的时期，再次展现了典型波亚克酒的气质。

基本资料

法定产区	波亚克 Pauillac
分级	二级（1855年）2 Eme Grand Cru Classe en 1855
葡萄园面积	70公顷
葡萄树龄	平均35年
年生产量	20000箱×12瓶
土质	加龙河深层砂砾层土
葡萄品种	70%赤霞珠／25%美乐／5%品丽珠
酿造方法	采用不锈钢大桶发酵，自动调节器控温，依波尔多传统方法酿造，再按不同葡萄品种储存于橡木桶中15～18个月，每年更换50%的全新橡木桶。
副标	Les Tourelles de Longueville Le Baronet de Pichon
年生产量	12000箱×12瓶

品尝注解	高浓郁酒体、深红色泽、饱满、丰富、多重果香。
知名度	中高
较佳年份	1995年之前的年份好像不是那么稳定，1995年以后酒质维持稳定，达到相当高的水准，2000～2009年评价均佳。
出口价格	€50～€140
储存潜力	15～30年
价格	以波亚克二级酒及其品质、历史、知名度来论，尚适中，但有几个特定年份被炒作而使价格偏高。
整体评价	★★★

拉郎德伯爵夫人酒庄
Château Pichon-Longueville Comtesse de Lalande

Map P.85 **⑰**

（正标）

（副标）

大概是所有分级酒庄中名称最长的酒庄，将它简称为 Pichon Lalande，于1855年被评为分级酒庄之二级，现已被称为超级第二，也就说它是二级酒庄中的佼佼者。它坐落于波亚克（Pauillac）的最南方，与另一法定产区圣于连（Saint Julien）接壤，又与另一知名一级酒庄拉图（Latour）为邻，酒质有着两者兼容的内涵，但其美乐（Merlot）品种占了较大的比重，因此也有着自己本身的独特风格。1850年其后代Baron Joseph将庄园的五分之三给了女儿，而女儿嫁给了Lalande，才成就了日后的Pichon Lalande。1926年Edouard Miailha接收了此酒庄，但并没有太多的展现，一直到1978年其女朗克萨英（Lenequesaing）接管后，改进了酿酒技术、更新设备、储酒窖等，酒庄名声从此开始得到提升，在欧洲、美国、亚洲都算是相当知名的酒庄。

基本资料

法定产区	波亚克　Pauillac
分级	二级（1855年）2eme Grand Cru Classe en 1855
葡萄园面积	75公顷
葡萄树龄	平均35年
年生产量	30000箱×12瓶
土质	砂砾层土及黏土
葡萄品种	45%赤霞珠／35%美乐／12%品丽珠／8%味而多
酿造方法	采用不锈钢大桶发酵，自动调节器控温，用波尔多传统方式酿造，再按不同葡萄品种储存于橡木桶中20个月，每年更换50%的全新橡木桶。
副标	Réserve de La Comtesse Domaine de Gautieu
年生产量	7000箱×12瓶

品尝注解	高饱满酒体，有别于其他波亚克酒质，丰富、典雅、细致、柔美、多种香气，结构体佳。
知　名　度	中高
较佳年份	从1990年开始到2009年，其酒质都相当稳定，维持在相当高的水准。
出口价格	€70～€140，2000年、2003年价格不断被炒作。2010年之预购价为€138。
储存潜力	15～30年
价　　格	以波亚克二级酒庄及酒质、历史、知名度来论，可接受，有几个特定年份被炒作而使价格偏高。
整体评价	★ ★ ★ ☆

Map P.85 ❻

庞特－卡内酒庄
Château Pontet-Canet

（正标）

酒庄于1855年被评为分级五级时的名称为"Château Canet"，大片的葡萄园区坐落在波亚克北方，与知名的一级酒庄木桐（Mouton）为邻。酒庄历史要回溯到18世纪初期，皇家人士Jean Francois Pontet买下了此地的园区，到了18世纪中期，其子又买下邻居于Canet的园区，因此酒庄有家族及地名结合的名称。1865年被葡萄酒运输商Hermann Cruse买下当时拥有120公顷的大庄园，并成就了相当长一段风光时期。但不幸的是，在Cruse家族晚期的20世纪50年代，酒庄名声由高峰跌落谷底。1975年酒庄转售给其姻亲家族——知名的干邑酒成员泰斯龙（Guy Tesseron），同时也是另一知名产区圣爱斯泰夫知名酒庄拉芳-罗榭（Lafon-Rochet）的主人，酒庄现由其子Afered接管。他励精图治，改善设备，提升酒质，还找来了知名酿酒师。近十年来，可以看到其丰硕的成果。

波亚克产区

基本资料

法定产区	波亚克　Pauillac
分级	五级（1855年）　5eme Grand Cru Classe en 1855
葡萄园面积	12公顷
葡萄树龄	平均35年
年生产量	8000箱×12瓶
土质	黏土石灰岩及矽质砂砾土
葡萄品种	60%赤霞珠／33%美乐／5%品丽珠／2%味而多
酿造方法	采用波尔多传统方式的大木桶浸渍、发酵，再按各种不同葡萄品种储存于橡木桶中16～18个月，每年更换60%的全新橡木桶。
副标	Les Haut de Pontet Canet（1982年开始）
年生产量	10000箱×12瓶

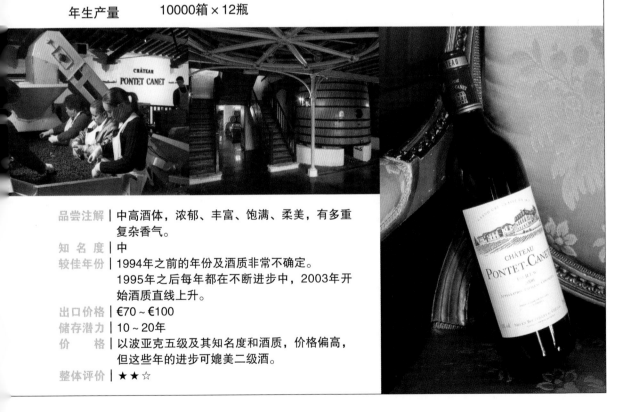

品尝注解｜中高酒体，浓郁、丰富、饱满、柔美，有多重复杂香气。

知名度｜中

较佳年份｜1994年之前的年份及酒质非常不确定。1995年之后每年都在不断进步中，2003年开始酒质直线上升。

出口价格｜€70～€100

储存潜力｜10～20年

价格｜以波亚克五级及其知名度和酒质，价格偏高，但这些年的进步可媲美二级酒。

整体评价｜★★☆

Saint-Estèphe

圣爱斯泰夫产区 |

　　圣爱斯泰夫是梅多克位于最北方的产区，南方与波亚克（Pauillac）为邻，全区面积三千七百多公顷，葡萄园栽种面积约一千二百公顷。可能是产区偏北，葡萄栽种事业发展较晚的关系，1855年分级评鉴中只有五家酒庄被评为顶级分级酒庄，在梅多克四个知名小产区中数量最少，但却有多家中上级或称"准特别级"（Cru Bourgeois）的优质酒庄，品质不亚于许多顶级分级酒庄。

　　因土质的关系，一直以来大多数人对圣爱斯泰夫酒质的印象是艰涩、沉重及过多的丹宁，好似闭塞不开，但是经过多年来的酿造方式及葡萄品种比率调整，有些酒庄的酒质也有了较大的变化，大体上来说已相当接近波亚克的风味。

圣爱斯泰夫 *Saint-Estèphe*
葡萄酒产区

D2

卡龙世家酒庄 ❶
Château Calon-Ségur

D2·E2

D2

玫瑰山酒庄 ❷
Château Montrose

D204

D2·E3

寇丝–拉博利酒庄   爱士图尔酒庄 ❸
Château Cos Labory   Château Cos D'estournel

❹

拉芳–罗榭酒庄 ❺
Château Lafon-Rochet

D104

D2

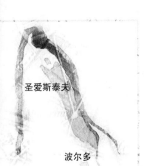

圣爱斯泰夫

波尔多

Map P.123 ①

卡龙世家酒庄
Château Calon-Ségur

（正标）

（副标）

　　卡龙世家为梅多克最北方的分级酒庄，坐落在美丽的圣爱斯泰夫（Saint Estèphe）的山丘上，眺望着纪龙德河湾（Gironde）景色，可算是最古老的庄园之一。建立于12世纪，18世纪后由马基·德塞居尔（Marquis de Ségur）接手，当时他也是知名一级酒庄拉菲（Lafite）及拉图（Latour）的主人；他将所有的心思放在这个酒庄上，由其瓶标的心形图案可知。1962年Philippe Gasqueton接手后做了相当大的革新，1984年完成了超大型的地下储酒窖，也完成了大型不锈钢发酵桶的安装。1995年Philippe去世后，由其夫人接管。本酒庄的酒可能在亚洲地区并不太有名或受到注意，但却是英国人士非常喜爱的法国酒庄之一。

基本资料

法定产区	圣爱斯泰夫　Saint Estèphe
分级	三级（1855年）　3eme Grand Cru Classe en 1855
葡萄园面积	60公顷
葡萄树龄	平均35年
年生产量	20000箱×12瓶
土质	砂石、砂砾层土及黏土
葡萄品种	45%赤霞珠／35%美乐／15%品丽珠／5%味而多
酿造方法	采用波尔多传统方式酿造，再按各种不同葡萄分别储存于橡木桶中16～18个月，每年更换50%的全新橡木桶。
副标	1. Château Marquis de Calon 2. Marquis de Ségur

品尝注解	高浓郁酒体、深红色泽、细致、柔美、圆润、果香佳。
知名度	中
较佳年份	1995年之前的年份较不明显；1996年之后的年份已回到一定的水准。
出口价格	€40～€60
储存潜力	20～30年
价格	虽贵为圣爱斯泰夫三级酒，但先前有黯淡的时期，近十年进步很大，价格仍然显得偏高，尤其是特别年份。
整体评价	★★★

Map P.123 ❸

爱士图尔酒庄
Château Cos D'estournel

（正标）

（副标）

　　爱士图尔酒庄是梅多克酒庄通往圣爱斯泰夫的一个熟悉的地标。庄园坐落在相当醒目的山丘上，眺望着一级酒庄拉菲（Lafite）。酒庄园区分成三十块，各自在不同的园区，因此也有着各种不同土质——四世纪砂砾层土、石灰石及卵石。法国卡斯康省（Gascon）的古语"Cos"，意思是小卵石丘，酒庄之名大概因此而得。酒庄历史并不久远，于19世纪初由Louisgaspard d'Estournel所创立，以酿造出波尔多最出色的酒为志业，但散尽家财而终，虽未能在1855年看到自己的酒庄被评为二级酒庄，但总算让他的努力有了成果。从1919年到1998年间，酒庄由Ginestet及Prats家族所拥有，1990年之后部分股份售予Bernard Tailla集团，而原来的主人之子Jean-Guillaumeprats已成了酒庄总管，酒庄在其父Bruno Prats管理的年代（1971～1998），也有一段辉煌的全盛时期。

基本资料

法定产区	圣爱斯泰夫　Saint Estèphe
分级	二级（1855年）2eme Grand Cru Classe en 1855
葡萄园面积	67公顷
葡萄树龄	平均35年
年生产量	30000箱×12瓶（含副标酒）
土质	四世纪砂砾石层土、石灰石为底土及卵石
葡萄品种	60%赤霞珠／40%美乐
酿造方法	采用波尔多传统方式，用浓缩法，将不同葡萄品种分别储存于橡木桶中12～16个月不等，每年更换50%的全新橡木桶。
副标	Les Pagodes de Cos, Goulee
年生产量	15000箱×12瓶

品尝注解｜高饱满酒体，暗深红色泽、丰富、典雅、高浓郁、多种复杂香味。

知名度｜中高

较佳年份｜1980年以来的年份均佳，保持在相当高的水准，2000年到2009年是酒庄的辉煌时期。

出口价格｜€100～€200↑；2000年、2003年、2005年价格被不断炒作，2009年的预购价为€210。

储存潜力｜20～30年

价　　格｜以圣爱斯泰夫二级酒，虽称为超级第二，但事实上其酒质已超越一级酒庄，酒庄同时也生产白酒，但价格比红酒更高。

整体评价｜★★★

Map P.123 **4**

寇丝-拉博利酒庄
Château Cos Labory

（正标）

（副标）

　　"Cos"的意思为小卵石丘，酒庄的名称中若有"Cos"，顾名思义就能知道酒庄所处地方的土质。寇丝-拉博利酒庄坐落在Cos的上升砾石土上，由Labory建立于19世纪初期。

　　1845年时曾被邻近的知名二级酒庄爱士-图尔（Cos d'Estournel）买下，1852年又被英国的银行家Charles Martyns购得，现在由Audoy家族所拥有。Audoy家族花了很多时间、精力、金钱去重建酒庄以恢复往日声誉，依照每年葡萄采收的特质去酿造不同特色的酒，让酒质能达到完美的结构体。

基本资料

法定产区	圣爱斯泰夫　Saint Estèphe
分级	五级（1855年）5eme Grand Cru Classe en 1855
葡萄园面积	18公顷
葡萄树龄	平均35年
年生产量	10000箱×12瓶
土质	砂砾层土、泥灰白垩土
葡萄品种	60%赤霞珠／35%美乐／5%品丽珠
酿造方法	采用不锈钢大桶发酵，再按各种不同葡萄品种储存于橡木桶中12～16个月，每年更换45%的全新橡木桶。
副标	Le Chame Labory

品尝注解	中高酒体，深红色泽、优雅、柔顺、没有太多特色。
知 名 度	低
较佳年份	十年来没有太特别的表现，平淡；2003之后有长足进步。
出口价格	€15～€20
储存潜力	10～20年
价　　格	以圣爱斯泰夫五级酒来论，虽然较平凡，但价格算正常合理。
整体评价	★★

Map P.123 **5**

拉芳－罗榭酒庄

Château Lafon-Rochet

（正标）

（副标）

拉芳-罗榭酒庄为16世纪所留下的庄园，坐落在最完美的、最有价值的地区，也就是在两个知名酒庄间，其一是圣爱斯泰夫的二级酒庄爱士图尔（Cos d'Estournel），其二是波亚克一级酒庄拉菲（Lafite）。Lafon家族拥有此酒庄超过两个世纪，1855年是圣爱斯泰夫被评为分级酒庄中的五家之一。1960年知名的干邑酒（Cognac）家族Guy Tesseron看上这美丽的庄园并买下来，之后花了很多金钱、人力、物力去重建它原有的声誉，包括了葡萄园、储酒窖的整建，连同原来的古堡建筑也重新修建，赋予了酒庄全新的面貌。

基本资料

法定产区	圣爱斯泰夫　Saint Estèphe
分级	四级（1855年）4eme Grand Cru Classe en 1855
葡萄园面积	40公顷
葡萄树龄	平均30年
年生产量	20000箱×12瓶（含副标酒）
土质	四世纪砂砾层土、黏土、石灰石为底
葡萄品种	55%赤霞珠／40%美乐／ 5%品丽珠
酿造方法	采用不锈钢大桶发酵，再按各种不同葡萄品种储存于 橡木桶中16～18个月，每年更换50%的全新橡木桶。
副标	Les Pèlerins de Lafon-Rochet
年生产量	10000箱×12瓶

品尝注解	中高酒体，亮丽深红色泽、丰富、圆润、柔美、协调性佳。
知名度	中低
较佳年份	1995年之后的年份一直维持相当高的水准，2000年后更佳。
出口价格	€20～€30
储存潜力	10～20年
价　格	以圣爱斯泰夫四级酒庄及其酒质来论，可称得上物有所值。
整体评价	★★☆

Map P.123 ②

玫瑰山酒庄
Château Montrose

（正标）

（副标）

　　酒庄之法文名称"Montrose"，中文可译成玫瑰山或玫瑰丘，此酒庄的历史并不长，19世纪初期时，酒庄是另一个分级酒庄卡龙世家（Calon-Segur）的一部分，而后独立，并于1855年被评为分级二级酒庄。从1896年之后Charmolue家族就拥有酒庄至今，这百年来，也一直很用心地照顾及管理，让酒庄一直保有良好的声誉，现在由其子孙Jean-Louis Charmolue接管；2000年以后，也改用新式的不锈钢大桶来发酵。

基本资料

法定产区	圣爱斯泰夫　Saint Estèphe
分级	二级（1855年）2eme Grand Cru Classe en 1855
葡萄园面积	68公顷
葡萄树龄	平均35年
年生产量	28000箱×12瓶（含副标酒）
土质	大片砂砾层土及黏泥土为辅
葡萄品种	65%赤霞珠／25%美乐／10%品丽珠
酿造方法	采用大不锈钢桶发酵，再按不同的葡萄品种分别储存于橡木桶中19个月，每年更换60%的全新橡木桶。
副标	Le Dame de Montrose
年生产量	8000箱×12瓶

品尝注解	高饱满酒体，丰腴、深宝石红色、浓郁、柔美、协调性佳。
知名度	中高
较佳年份	1980年以后大致上酒质都维持一定水准，1995～2009年达高标准。
出口价格	€70～€132　2010年预购价为€132
储存潜力	15～25年
价格	以圣爱斯泰夫二级酒庄及其酒质来论，加知名度，除特别年份外，均可接受。
整体评价	★★★☆

Saint Julien
圣于连产区 |

    从玛歌（Margaux）往北行，中间经过上梅多克（Haut-Médoc）约十来公里就可到达圣于连产区。它是梅多克四个最知名的小产区之一，是面积最小的，全区面积一千五百多公顷，栽种葡萄的面积约八百多公顷，但在1855年分级评鉴中，却有11家酒庄被评为顶级分级酒庄，比较遗憾的是没有一家一级酒庄。虽然如此，产区却有着将近半数的五家知名的二级优质酒庄，两家三级酒庄，四家四级酒庄及其他中上级或称"准特别级"（Cru Bourgeois）的明星酒庄，均具有一定的评价及知名度，并拥有相当平均的高水准，因此大多数人对圣于连产区的酒质都具有一定的信赖感。

    圣于连产区的风格是包容兼具的形态，每个酒庄都有其特色，有浑厚饱满，也有浓郁高雅，更有着细致柔美，需要用心去领会。

圣于连 *Saint-Julien*
葡萄酒产区

圣于连

波尔多

D2

乐夫普勒酒庄❶
Château Léoville Poyferré

❷雄狮酒庄
Château Léoville-Las Cases

大宝酒庄❸
Château Talbot

D101   E10

乐夫巴顿酒庄❹
Château Léoville-Barton

❺朗歌巴顿酒庄
Château Langoa-Barton

D101

❻宝嘉龙酒庄
Château Ducru Beaucaillou

拉虹酒庄❽
Château Lagrange

圣皮埃尔酒庄❼
Château St-Pièrre

D2

❿
拉露丝酒庄⓫
Château Gruaud Larose

芭内–杜克酒庄
Château
Branaire Ducru

❾龙船酒庄
Château Beychevelle

D101

D2

Map P.135 **9**

龙船酒庄
Château Beychevelle

（正标）

（副标）

　　龙船可说是上梅多克地区最豪华及美丽的庄园之一，坐落在圣于连产区的最南方。雍容华贵的古堡建筑及杰出设计的花园，尤其是夏天时，路两旁绽放的美丽花朵，令人屏息，因此被喻为"梅多克的凡尔赛宫"。16世纪时由一名伯爵也是海军上将d'Epernon所建立，据说在当年所有的船只进出纪龙德河（La Gironde），航行经过龙船庄园都必须降帆及放慢速度通过，以示对伯爵的尊敬。1984年Achille Fould家族接手，但部分股份售给了GMF——法国国民退休基金会，接着又全数买下剩余的股份，不久又转售了40%的股份给日本的酒业龙头Suntory公司。第二副标Les Bruliere de Beychevelle由酒庄在梅多克的另一葡萄园区所生产，并非圣于连产区。

基本资料

法定产区	圣于连　Saint Julien
分级	四级（1855年）4eme Grand Cru Classe en 1855
葡萄园面积	90公顷
葡萄树龄	平均25年
年生产量	20000箱×12瓶
土质	深层砂砾层土、黏土及砂土
葡萄品种	62%赤霞珠／31%美乐／5%品丽珠／2%味而多
酿造方法	采用波尔多传统方式发酵，再按各种葡萄品种分别储存于橡木桶中 18个月，每年更换50%的全新橡木桶。
副标	1. Amiral de Beyehevelle（年生产量／15000箱×12瓶） 2. Les Bruliere de Beychevelle 3. Grand Bateau

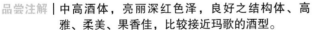

品尝注解	中高酒体，亮丽深红色泽，良好之结构体、高雅、柔美、果香佳，比较接近玛歌的酒型。
知名度	中
较佳年份	1996年之后酒质基本比较稳定，但没有太大的起伏或特别的表现，2005年后酒质有明显的提升。
出口价格	€40～€60
储存潜力	15～25年
价　格	以圣于连四级酒庄及品质来论，价格算平稳，可以接受。
整体评价	★★☆

Map P.135 ⑩

芭内－杜克酒庄

Château Branaire
Ducru

（正标）

（副标）

　　建立于17世纪的庄园坐落在圣于连产区的最南方，就在龙船（Beychevelle）酒庄的正前方。虽然如此，但如果稍不注意却很容易错过它，因为它位于马路背后，葡萄园区则在偏内陆地方。1952年Jean-Michel开始接管经营此酒庄，但后来他将50%的股份卖给法国知名的糖业公司La Sucriere Detoury，而于1988年又被现在的主人Patrick Maroteaux买下大多数股份而得到经营权。新的主人投下了很多的资金、人力、物力，更新酿酒及储酒窖的设备，让酒庄进入了新的领域。

基本资料

法定产区	圣于连 Saint Julien
分级	四级（1855年） 4eme Grand Cru Classe en 1855
葡萄园面积	50公顷
葡萄树龄	平均35年
年生产量	15000箱×12瓶
土质	典型梅多克砂砾层土
葡萄品种	70%赤霞珠／22%美乐／ 5%品丽珠／3%味而多
酿造方法	采用大不锈钢桶、浸渍、发酵3～4星期，再依各种不同葡萄品种分别储存于橡木桶中16～22个月，每年更换50%的全新橡木桶。
副标	Château Duluc, Haut Médoc de Branaire Ducru
年生产量	8000箱×12瓶

品尝注解｜中高酒体，深紫红色泽、饱满、丰富、果香强，较有个性及风格。

知 名 度｜中

较佳年份｜从1995年至今虽然没有特别杰出的表现，但也一直维持相当不错的水准。

出口价格｜€30～€50

储存潜力｜15～30年

价　　格｜以圣于连四级酒庄及其酒质来论，价格也算适中，可接受。

整体评价｜★★☆

Map P.135 ⑥

宝嘉龙酒庄
Château Ducru-Beaucaillou

（正标）

（副标）

酒庄的法文名称非常有趣，"Beau"是美丽的意思，而"Caillou"则是指砾石，连在一起就是"美丽的砾石"，这也可能是因为酒庄就坐落在美丽的砾石中吧！从19世纪开始迪克（Ducru）家族接手酒庄后，就一直维持着良好的声誉。酒庄给人的印象是高雅，且如绅士般有涵养，也有着贵族的气息，如同古堡有着出色的维多利亚王朝式建筑，展现出它特有的气质。50公倾的葡萄园区分为两个区块，一大半在古堡建筑的四周，靠纪龙德河（Le Gironde），另一半位于较内陆区域，介于两知名的分级酒庄大宝（Talbot）及拉露丝（Gruard Larose）之间，因此有两种不同的土质。1942年博里克（Borie）家族接手，第二代的主人 Jean-Engene Borie 于1998年去世后，由其子 Francoi-Xavier Borie 开始接管酒庄的经营，全新地下酒窖也在当时完成。其他持有酒庄：

1. 拉寇斯酒庄（Château Grand-Puy-Lacoste）（Pauillac 五级）
2. 奥 - 芭塔叶（Château Haut-Batailley）（Pauillac 五级）
3. Château Laland Borie

基本资料

法定产区	圣于连　Saint Julien
分级	二级（1855年）2eme Grand Cru Classe en 1855
葡萄园面积	50公顷
葡萄树龄	平均38年
年生产量	15000箱×12瓶
土质	典型梅多克砂砾层土
葡萄品种	70%赤霞珠／22%美乐／ 5%品丽珠／3%味而多
酿造方法	采用波尔多传统方式酿造，再按各种不同葡萄品种分别 储存于橡木桶中20个月，每年更换50%的全新橡木桶。
副标	La Croix de Beaucaillou（1995）
年生产量	6000箱×12瓶

品尝注解	中高丰富酒体，深宝石红色泽、高雅、细致、 多重复杂气息、协调性佳，古典的波尔多酒型。
知名度	中高
较佳年份	一直以来每年均维持一定的水准及好名声，1996年 以后更佳，2000年到2009年可说是酒庄的高峰期。
出口价格	€70～€200　2009年预购价为€180。
储存潜力	20～30年
价　　格	以圣于连二级酒庄及对其酒质的评价来论，酒质可与 一级媲美；除特别年份偏高，价格稳定合理。
整体评价	★★★★

Map P.135 ⑪

拉露丝酒庄
Château Gruaud Larose

（正标）

（副标）

17世纪中期，是由Chevalier de Guard及Chevalier de Larose联合的酒庄，而后因遗产继承权的问题而分割开；一直到1935年，Desire Cordier才又将其整合为一，因为在20世纪初期，他已将另一部分购买下来，变成原先的规模。1997年转手给Bernard Taillan集团的梅兰特（Merlant）家族，而原先已在酒庄待有一段时间的管理人Georges Paul及其经营团队继续留下。一整块未分割的大片葡萄园区，坐落在上升的砂砾石层土上，有着良好的排水性地质。此酒庄可算本产区具代表性的酒庄之一。

基本资料

法定产区	圣于连 Saint Julien
分级	二级（1855年）2eme Grand Cru Classe en 1855
葡萄园面积	82公顷
葡萄树龄	平均40年
年生产量	45000箱×12瓶（含副标）
土质	4世纪深层砂砾层土黏土
葡萄品种	57%赤霞珠／30%美乐／ 7%品丽珠／4%味而多／2%马贝克
酿造方法	采用波尔多传统方式酿造，再按各种不同葡萄品种分别 储存于橡木桶中18个月，每年更换40%的全新橡木桶。
副标	Serget de Gruaud Larose
年生产量	15000箱×12瓶

品尝注解 | 中高酒体，深紫罗兰色、结实、丰富、柔美、典
型圣于连酒质。

知 名 度 | 中

较佳年份 | 从1980年起至今，其酒质有相当程度的水准被
肯定。

出口价格 | €40～€50

储存潜力 | 15～30年

价　　格 | 以圣于连二级酒庄及酒质与声誉来论，可算相当
合理，除特别年份外。

整体评价 | ★★★

Map P.135 **8**

拉虹酒庄
Château Lagrange

（正标）

（副标）

中世纪时已算相当著名的酒庄，初期的名称为
"Maison Noble de La Grangy Monteil"，单一未分割的
大片葡萄园区坐落在BeycheVelle村的小山丘，庄园从原
先的50公顷扩展至现在的157公顷，但只有113公顷是栽
种葡萄的园区。1983年酒庄售予日本酒业巨子——三得利
（Suntory）公司，是波尔多第一家卖给了日本人的分级酒
庄。日本人事事追求完美，对于酒庄也不例外。三得利公
司接手后扩大了葡萄园区，整建酿酒、储酒设施等，但也
信赖专业，因此酒庄由专业人士Marcel Ducasse来管，他
是酒庄的灵魂人物，肩负着酒庄再度复兴的任务与使命。
这些年的努力，也得到了肯定。

基本资料

法定产区	圣于连 Saint Julien
分级	三级（1855年）3eme Grand Cru Classe en 1855
葡萄园面积	113公顷
葡萄树龄	平均30年
年生产量	25000箱×12瓶
土质	砂砾层土、黏土石灰土
葡萄品种	66%赤霞珠／27%美乐／7%味而多
酿造方法	采用大不锈钢桶及传统大木桶并用发酵，再按各种不同的葡萄品种分别储存于橡木桶中16～18个月，每年更换60%的全新橡木桶。
副标	Les Fiefs de La Grange（年生产量／30000箱×12瓶） Les Arums de Lagrange

品尝注解｜高丰腴酒体，深红色泽、厚实、饱满、丰富、黑醋栗及巧克力香，比较接近波亚克酒型。

知名度｜中

较佳年份｜1980～1990年较平凡，1995年之后酒质维持一定的水准，2005年之后较佳。

出口价格｜€30～€40

储存潜力｜15～25年

价　　格｜以圣于连三级酒庄及其不错的酒质来论，价格可以接受。

整体评价｜★★☆

Map P.135 **5**

朗歌巴顿酒庄
Château Langoa-Barton

（正标）

（副标）

　　庄园不大的三级酒庄，被同一个家族拥有了近两百年之久，现已传到了第六代，大概是所有分级酒庄的纪录保持者。1821年巴顿（Barton）家族接手前，庄园名称为"Pontet-Langlois"，之后就由知名的波尔多酒商Barton & Guestier的孙子Hugo Barton买下至今，现在由第五代的子孙Anthony Barton经营管理。虽然酒庄一直在同一家族，但中间的历史转折也相当艰辛。17世纪末，因法国大革命，该家族被迫返回其母国爱尔兰避难，第四代的子孙Ronald Barton也曾在第二次世界大战被德国占领期间被迫返回英国，1983年后由第五代子孙Anthony Barton及其女儿Lilian Barton接手管理。家族也同时拥有另一家知名的分级二级酒庄乐夫·巴顿（Léoville-Barton）。

基本资料

法定产区	圣于连　Saint Julien
分级	三级（1855年）　3eme Grand Cru Classe en 1855
葡萄园面积	15公顷
葡萄树龄	平均28年
年生产量	8000箱×12瓶
土质	黏土、上砂砾层土
葡萄品种	70%赤霞珠／20%美乐／10%味而多
酿造方法	采用波尔多传统大木桶发酵，再按不同葡萄品种分别储存于橡木桶20个月，每年更换50%的全新橡木桶。
副标	Lady Langoa

品尝注解	高饱满丰腴，深红色泽、柔顺、果香佳、协调性佳。
知名度	中
较佳年份	1980年之后酒质一直都算稳定；1996年之后，更有长足的进步。
出口价格	€30～€60
储存潜力	15～25年
价格	虽是三级酒，但产量不多，因此这两年的价格有偏高趋势。
整体评价	★★★

Map P.135 ④

乐夫巴顿酒庄
Château Léoville-Barton

（正标）

（副标）

　　这座庄园在1820年之前是另一家知名的隔邻酒庄雄狮酒庄（Léoville-Las Cases）的一部分，因Hugo Barton是这家酒庄的股东之一，故将他自己拥有的部分割开，从而变成另一家独立酒庄，而这庄园也在1855年被评为分级二级酒庄，近两百年来没有转手，一直掌握在同一家族手上。第四代子孙Ronald Barton于1929年继承此酒庄，一直到1983年——也就是在他去世的前三年，才将酒庄交于第五代的子孙Anthony Barton及其女儿Lilian Barton接手经营及管理。多年来，酒庄一直拥有不错的名声。

基本资料

法定产区	圣于连 Saint Julien
分级	二级（1855年） 2eme Grand Cru Classe en 1855
葡萄园面积	45公顷
葡萄树龄	平均28年
年生产量	22000箱×12瓶
土质	砂砾层土、黏土
葡萄品种	72%赤霞珠／20%美乐／8%品丽珠
酿造方法	采用波尔多传统的大木桶发酵，再按不同葡萄品种分别储存于橡木桶20个月，每年更换50%的全新橡木桶。
副标	Lady Langoa（年生产量／30000箱×12瓶） Le Réserve de Léoville Barton（年生产量／30000箱×12瓶）

品尝注解	高丰腴酒体，艳丽的深红色、丰富、饱满、细致、典雅。
知 名 度	中高
较佳年份	从1980年起酒质均相当不错，1990年更佳，2000年之后可算酒庄的全盛期。
出口价格	€45～€70
储存潜力	15～30年
价 格	以圣于连二级酒庄及其品质来论，前几年价格稳定合理，但这两年上升了不少，少数特别年份价格偏高。
整体评价	★★★

Map P.135 ②

雄狮酒庄
Château Léoville-Las Cases

（正标）

（副标）

雄狮为三个Léoville酒庄中最原始的第一家。即使在其他两家分割出去后，雄狮也保留了原有庄园的一半，其庄园与知名的一级酒庄拉图为邻，面对着纪龙德河（Le Gironde）景观，同样也有良好排水的砂砾石层土质。18世纪时，就已是梅多克地区最重要的庄园之一，始终维持着良好的名声，特别是在1976～1996年——由米歇尔·德隆（Michel Delon）接管的20年，坚持酿制好酒的他，竭尽所能精挑细选，减少产量，以维持超高的品质，因此它可能是唯一能与一级酒庄匹敌的二级酒庄。米歇尔·德隆前几年去世，现由其子让·于贝尔·德隆（Jean Hubert Delon）接管。酒庄的瓶标上并没有标示"Château"字样，因原始古堡建筑物又被分割成两半，左半部是"Las Cases"，瓶标上的全名为"Grand Vin de Léoville du Marquis de Las Cases"。

基本资料

法定产区	圣于连　Saint Julien
分级	二级（1855年）　2eme Grand Cru Classe en 1855
葡萄园面积	97公顷
年生产量	46000箱×12瓶（含副标）
土质	砂砾层土
葡萄品种	65%赤霞珠／20%美乐／ 12%品丽珠／3%味而多
酿造方法	采用波尔多传统酿造方法，再按不同葡萄品种分别储存于橡木桶中 18个月，每年更换50%的全新橡木桶。
副标	一．Clos-du-Marquis（品质相当不错） 二．Le Petit Lion du Marquis de Las Cases

品尝注解｜高浓郁酒体，深红色泽、浑厚、饱满、高雅，多重
复杂气息，比较类似波亚克酒型。

知 名 度｜中高

较佳年份｜1980年之后各年份酒质均佳，1996年之后酒质更
佳，2009年达到顶峰。2009年的预购价为€216。

出口价格｜€100～€200

储存潜力｜25～40年

价　　格｜虽然是圣于连二级酒庄，知名度及评价也不错，但
价格被炒作后偏高，它的酒质已超越一级酒庄。

整体评价｜★★★★

Map P.135 **1**

乐夫普勒酒庄
Château Léoville Poyferré

（正标）

（副标）

本产区有三家酒庄名称前均有"Léoville"字样，由此可知其中的相关性，在1840年之前此酒庄的庄园也属于雄狮（Léoville-Las Cases），因姻亲关系，家中成员与普勒伯爵（Baron de Poyferré）结婚后，分别独立成为另一酒庄而得名，故这三家Léoville酒庄是相连在一起的。乐夫普勒酒庄不像其他两家酒庄般幸运——近两百年来均持续被同一家族所持有，它于1920年被Cuvelier家族买下，之后虽然曾经风光了一段短暂的时间，但随即沉寂下来；1980年Didier Cuvelier接手之后，才开始整建酿酒设备、储酒窖及葡萄园区，并邀请了著名酿酒师为顾问，这才又开启了酒庄的春天。

基本资料

法定产区	圣于连 Saint Julien
分级	二级（1855年）2eme Grand Cru Classe en 1855
葡萄园面积	80公顷
葡萄树龄	平均25年
年生产量	20000箱×12瓶
土质	加龙河砂砾层土
葡萄品种	63%赤霞珠／27%美乐／8%味而多／2%品丽珠
酿造方法	采用不锈钢大桶发酵，再按各种不同葡萄品种分别储存于橡木桶中18个月，每年更换75%的全新橡木桶。
副标	1. Château Moulin Riche（年生产量／15000箱×12瓶） 2. Pavillon des Connetables

品尝注解	高饱满酒体，深宝石红色泽、丰富、浓郁，多种复杂香气，平衡协调性佳。
知名度	中高
较佳年份	1985年之后酒质变佳，1996年之后达到了一定的水准，2000年之后为酒庄全盛期。
出口价格	€50～€85
储存潜力	15～25年
价格	以圣于连二级酒庄及其品质来论，前几年的价格稳定合理，但这两年上升了不少，少数特别年份价格偏高。
整体评价	★★★

Map P.135 ❼

圣皮埃尔酒庄
Château St-Pièrre

（正标）

　　圣皮埃尔酒庄是只拥有17公顷葡萄园的酒庄，虽然是不大的酒庄，却也有着多变的历史。它的名称由来，是18世纪中期，一名叫St. Pièrre的人买下庄园后而命名，其间有许多的转折，也曾经被分割成两个不同支系的家族；第二次世界大战后，比利时的庄主将其整合，但也有部分园区售予另一中级酒庄Gloria。1982年Gloria的亨利·马丁（Henri Martin）买下整个庄园，入主圣皮埃尔。在新主人重新整建后，它已成为美丽的庄园。亨利·马丁于1991年去世后，酒庄由其女婿Jean-Louis Triaud接管。圣皮埃尔虽然也酿好酒，但园区不大，生产量少，因此经常被一般消费者及市场疏忽，甚至遗忘它的存在。

基本资料

法定产区	圣于连　Saint Julien
分级	四级（1855年）4eme Grand Cru Classe en 1855
葡萄园面积	17公顷
葡萄树龄	平均50年
年生产量	8000箱×12瓶
土质	砂砾层土
葡萄品种	70%赤霞珠／20%美乐／10%品丽珠
酿造方法	采用波尔多传统方式酿造，再按各种不同葡萄品种分别储存于橡木桶中18个月，每年更换40%～60%的全新橡木桶。
副标	N/A

品尝注解	中高酒体，深红色泽、高雅、细致、柔美、香气佳。
知名度	中低
较佳年份	1980年之后酒质稳定，但没特别的佳作，2000年之后有几个令人惊讶的佳作。
出口价格	€33～€40
储存潜力	15～25年
价格	以圣于连四级酒庄及酒质来论，价格合理。
整体评价	★★☆

Map P.135 ❸

大宝酒庄
Château Talbot

（正标）

（副标）

　　历史悠久的大宝庄园，约创立于15世纪中期。传说酒庄起源于当时的英国将军Talbot，有人认为Talbot就是当年的庄园主人，但也有人质疑。没有人知道这些传说的真实性，这些历史故事总是像谜一般，让人感兴趣及不断想去探寻。悠久的历史中，大宝也一样有着许多转折历程，最后终于在20世纪初落入了科尔迪耶（Cordier）家族手中，至今也将近百年，现已传到第四代，从家族接手至今，一直保持着良好的信誉及名声，并维系着一定水准的稳定酒质。第三代主人Jean Cordier于1994年去世，庄园由两个女儿Nancy Bignon及Thierry Rustman继承。

其他持有酒庄：

拉露丝酒庄（Château Gruaud Larose）（St. Julien）二级

基本资料

法定产区	圣于连　Saint Julien
分级	四级（1855年）　4eme Grand Cru Classe en 1855
葡萄园面积	102公顷　白葡萄：6公顷
葡萄树龄	平均35年
年生产量	30000箱×12瓶
土质	砂砾层土
葡萄品种	红酒：66%赤霞珠／26%美乐／5%味而多／3%品丽珠
	白酒：84%长相思／16%赛蜜蓉
酿造方法	现代化的大不锈钢及传统的大木桶并用发酵，再按各种葡萄品种不同分别储存于橡木桶中16～18个月，每年更换50%的全新橡木桶；白酒则是每年更换20%的全新橡木桶。
副标	1. Conn Able de Talbot（年生产量／25000箱×12瓶）
	2. Caillou Blanc du Château Talbot（年生产量／3500箱×12瓶）

品尝注解	中高酒体，艳红色泽、丰富、柔美、细致，协调性佳。
知名度	中高
较佳年份	一直以来的每个年份都算稳定、平顺，没有太优的佳作。
出口价格	€30～€38
储存潜力	15～25年
价格	以圣于连四级酒庄及其品质与知名度来论，价格稳定，物有所值。
整体评价	★★★

PART 3 产区巡礼

Sauternes &
Barsac

| 索泰尔讷与巴萨克

　　波尔多及世界最知名的甜白酒或贵族（Noble）、贵腐（Botrytis）甜酒产地；产区位于波尔多市的东南方，相当独特的天然气候条件，造就浓郁甜美的金黄色液体。加龙河（la Garonne）及支流西隆河（le Ciron）流经产区。靠近河岸，白天吸阳光热能，晚间释放，让葡萄更浓郁，秋天潮湿的晨雾，可让贵腐菌在葡萄表皮上滋生，酿造出举世无双的贵族甜酒。

　　1855年顶级分级酒庄评鉴时，索泰尔讷产区里共有16家酒庄进入名单中，此外，巴萨克挑选了10家，总共26家；为何当时的评鉴委员如此钟情于此甜白酒。可能与饮食习惯有关吧！而亚洲人对贵族甜酒，可能不是那么喜爱。但对欧洲人来说，尤其是北欧，可是至宝，因它的产量少，显得特别珍贵。

　　索泰尔讷与巴萨克虽然均生产甜白酒，但在风味上有一些差异，索泰尔讷的甜白酒具甜度、浓密，带有蜂蜜、杏桃及成熟果香，几乎感觉不到酸度；而巴萨克的甜白酒较清新、典雅，具有多种成熟果香及香草、橡木桶之清香，甜酸度较平衡，各有其特色。

❶奈哈克酒庄 Château Nairac

❷布鲁斯特酒庄 Château Broustet

❸德·密哈酒庄 Château Myrat

❹古岱酒庄 Château Coutet

❺嘉佑酒庄 Château Caillou

❻克里蒙酒庄 Château Climens

❼杜希·维汀酒庄 Château Doisy-Védrines

❽杜希·杜波卡酒庄 Château Doisy-Dubroca

❾杜希·玑艾酒庄 Château Doisy-Daëne

❿罗曼·杜海佑酒庄 Château Romer du Hayot

⓫德·玛尔酒庄 Château de Malle

⓬苏德奥酒庄 Château Suduiraut

⓭希戈拉–哈堡酒庄 Château Sigalas-Rabaud

⓮上贝哈格酒庄 Château Clos Haut-Peyraguey

⓯拉夫·贝哈格酒庄 Château Lafaurie-Peyraguey

⓰德·罕·维诺酒庄 Château de Rayne-Vigneau

⓱哈堡–葡密酒庄 Château Rabaud-Promis

⓲伊甘酒庄 Château d'Yquem

⓳白塔酒庄 Château La Tour Blanche

⓴莱斯酒庄 Château Rieussec

㉑吉豪酒庄 Château Guiraud

㉒拉慕特·吉雅酒庄 Château Lamothe-Guignard

㉓拉慕特酒庄 Château Lamothe

㉔达仕酒庄 Château d'Arche

㉕飞跃酒庄 Château Filhot

索泰尔讷与巴萨克

Sauternes & Barsac

葡萄酒产区

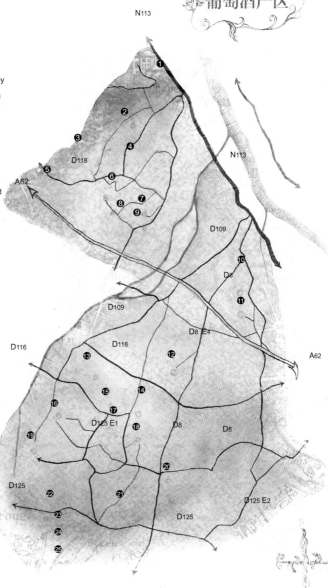

波尔多索泰尔讷与巴萨克顶级分级酒庄 **1855年评鉴**
Médoc Grand Cru Classe en 1855

优等一级酒庄Premier Grand Cru Classe Superieur（1家）

酒庄名称	中国台湾译名	英 文 名 称	法 定 产 区	村 庄	页码
伊甘酒庄	迪肯酒庄	Château d'Yquem	索泰尔讷Sauternes	Sauternes	186

一级酒庄 Premier Grand Cru Classe（11家）

酒庄名称	中国台湾译名	英 文 名 称	法 定 产 区	村 庄	页码
克里蒙酒庄	克里蒙酒庄	Château Climens	巴萨克Barsac	Barsac	168
上贝哈格酒庄	克罗·欧贝霍吉酒庄	Château Clos Haut–Peyraguey	索泰尔讷Sauternes	Bommes	170
古岱酒庄	库特酒庄	Château Coutet	巴萨克Barsac	Barsac	172
德·罕·维诺酒庄	里尼·维格努酒庄	Château de Rayne Vigneau	索泰尔讷Sauternes	Bommes	178
吉豪酒庄	吉霍德酒庄	Château Guiraud	索泰尔讷Sauternes	Sauternes	190
白塔酒庄	拉图·布朗喜酒庄	Château La Tour Blanche	索泰尔讷Sauternes	Bommes	192
拉夫·贝哈格酒庄	拉佛依贝霍吉酒庄	Château Lafaurie–Peyraguey	索泰尔讷Sauternes	Bommes	194
哈堡–葡密酒庄	罗保·波蜜酒庄	Château Rabaud–Promis	索泰尔讷Sauternes	Bommes	204
莱斯酒店	里乌沙克酒庄	Château Rieussec	索泰尔讷Sauternes	Bommes	206
希戈拉–哈堡酒庄	西格拉·哈波德酒庄	Château Sigalas–Rabaud	索泰尔讷Sauternes	Bommes	210
苏德奥酒庄	苏都哈特酒庄	Château Suduiraut	索泰尔讷Sauternes	Preignac	212

二级酒庄 Grand Cru Classe（14家）

酒庄名称	中国台湾译名	英文名称	法定产区	村庄	页码
布鲁斯特酒庄	伯斯特酒庄	Château Broustet	巴萨克Barsac	Barsac	164
嘉佑酒庄	凯由酒庄	Château Caillou	巴萨克Barsac	Barsac	166
达仕酒庄	达喜酒庄	Château d'Arche	索泰尔讷Sauternes	Sauternes	174
德·玛尔酒庄	德玛勒酒庄	Château de Malle	索泰尔讷Sauternes	Fargues	176
杜希·玟艾酒庄	杜瓦喜达尼酒庄	Château Doisy–Daêne	巴萨克Barsac	Barsac	180
杜希·杜波卡酒庄	杜瓦喜杜伯卡酒庄	Château Doisy–Dubroca	巴萨克Barsac	Barsac	182
杜希·维汀酒庄	杜瓦喜维得尼酒庄	Château Doisy–Védrines	巴萨克Barsac	Barsac	184
飞跃酒庄	飞欧酒庄	Château Filhot	索泰尔讷Sauternes	Sauternes	188
拉慕特酒庄	拉姆提酒庄	Château Lamothe	索泰尔讷Sauternes	Sauternes	196
拉慕特·吉雅酒庄	拉姆提·吉娜德酒庄	Château Lamothe–Guignard	索泰尔讷Sauternes	Sauternes	198
德·密哈酒庄	梅哈酒庄	Château Myrat	巴萨克Barsac	Barsac	200
奈哈克酒庄	乃雅克酒庄	Château Nairac	巴萨克Barsac	Barsac	202
罗曼·杜海佑酒庄	霍美·都·雅优特酒庄	Château Romer du Hayot	索泰尔讷Sauternes	Fargues	208
苏奥酒庄	娑欧酒庄	Château Suau	巴萨克Barsac	Barsac	—

Map P.161 ②

布鲁斯特酒庄
Château Broustet

（正标）

　　布鲁斯特酒庄坐落于索泰尔讷产区的巴萨克村，葡萄园区位于冲积层的砂砾石层土上，为许多的小砾石及一些黄玉石，加上黏土及石灰面所组成。特殊的土质在白天能吸收阳光的热，晚上则释放，这让贵腐葡萄具有更浓郁的个性及多样化的气息。

　　酒庄现在的主人Didier Laulan家族于1994年接下了酒庄，在巴萨克地区酿制葡萄酒已有几个世代，他们也有精湛的酿造技术。而Didier本身就是酿酒师，他巧妙地将巴萨克园区里的两种不同土质生产的葡萄，以丰富的经验及专业的手法，和谐地调制出优良品质的索泰尔讷贵腐葡萄酒。

基本资料

法定产区	巴萨克　Barsac
分级	二级（1855年）　2eme Grand Cru Classe
葡萄园面积	16公顷
葡萄树龄	平均40年
年生产量	2000箱×12瓶
土质	砂砾层土、黏土、石灰石
葡萄品种	80%赛蜜蓉／10%长相思／ 10%密思卡岱
酿造方法	采用波尔多传统方式酿造，再按不同之葡萄品种分别储存于橡木桶中约12个月，装瓶后再储存一年，每年更换40%的全新橡木桶。
副标	Château de Ségur

品尝注解｜中高酒体，金黄色泽、甜美、
　　　　　高雅、多重成熟果香。
知 名 度｜中低
较佳年份｜一直以来均维持良好的水准。
出口价格｜€13～€15
储存潜力｜10～20年
价　　格｜知名度不高，价格实惠，物有
　　　　　所值。
整体评价｜★★

Map P.161 **5**

嘉佑酒庄
Château Caillou

（正标）

　　1909年，Joseph Ballan以高价从Louis Sarraute手中取得了庄园，当时的庄园名字便是"Caillou"，"Caillou"法文是"砾石"的意思，由于当初开垦时，发现了大量的砾石而取名。不大的酒庄也不太有名，现在的拥有者是J-B Bravo及Marie Jose Pierre，也就是Ballan的女儿及女婿，他们从1969年接手此酒庄后，致力于酿制好酒，一直以来也颇受好评，但生产量不多，且都直接销售给他们自己的私人客户，因此一般市场上并不容易发现它的踪迹。

基本资料

法定产区	巴萨克 Barsac
分级	二级（1855年）2eme Grand Cru Classe
葡萄园面积	13公顷
葡萄树龄	平均40年
年生产量	2000箱×12瓶
土质	砂砾石、卵石
葡萄品种	90%赛蜜蓉／10%长相思
酿造方法	采用波尔多传统方式酿造，再按不同之葡萄品种分别储存于橡木桶中约12～18个月，装瓶后再储存1年，每年更换1/3的全新橡木桶。
副标	Petit Mayne Cru du Clocher（红酒）

品尝注解	中高酒体，金黄色泽、甜美、柔细、雅致、成熟果香。
知名度	低
较佳年份	1990年以后酒质维持稳定，都有一定水准。
出口价格	€17～€19
储存潜力	10～25年
价　格	虽然不太有名，价格也不高，但要买到它还需花一些时间查询。
整体评价	★★

Map P.161 ⑥

克里蒙酒庄
Château Climens

（正标）

（副标）

克里蒙可说是索泰尔讷（Sauternes）产区知名度较高的酒庄，与玛歌两家知名二级酒庄布兰尼-康蒂酒庄（Brane-Cantenac）及杜夫-维旺酒庄（Duffort-Vivien）同为勒顿（Lurton）家族所拥有，勒顿家族是从1971年接手此酒庄的。人们常将此酒庄与本产区唯一的优等一级酒庄——伊甘（d'Yquem）相比，主要在于酒庄有着与众不同的先天自然条件，完美各种土质的结合，加上良好的排水性，更重要的是有优良传统的酿造技术，创造出其优秀的酒质，因此有称它为"巴萨克的贵族"。美好的酒庄也深深地吸引住勒顿女儿的心，1992年，勒顿将酒庄交给女儿Berneice接管，Berneice发誓要让酒庄永远保持好名声。

其他酒庄：

1. 布兰尼-康蒂酒庄（Château Brane-Cantenac）（Margaux）二级

2. 杜夫-维旺酒庄（Château Duffort-Vivien）（Margaux）二级

基本资料

法定产区	巴萨克　Barsac
分级	一级（1855年）1er Grand Cru Classe
葡萄园面积	30公顷
葡萄树龄	平均35年
年生产量	2500箱×12瓶
土质	红褐色黏土沙土、岩石上碎石、石灰石
葡萄品种	100%赛蜜蓉
酿造方法	采用波尔多传统方式酿造，储存于橡木桶中达24个月，每年更换30%的全新橡木桶。
副标	Cypres de Climens

品尝注解｜高饱满浓郁酒体，亮丽金黄色泽、甜美、细致、酸甜平衡佳，有橡木桶释放的奶油及香草味。

知 名 度｜中高

较佳年份｜索特思不是每年都可酿造杰出的酒质，但从1980年起，几乎年年酒质都算出色。

出口价格｜€60～€75

储存潜力｜15～35年

价　　格｜以其优秀的酒质及知名度来论，这些年价格在上升中，但还算在可接受的范围中，因生产量也不算多。

整体评价｜★★★☆

Map P.161 **14**

上贝哈格酒庄

Château Clos Haut-Peyraguey

（正标）

　　酒庄坐落在知名的一级酒庄伊甘（d' Yquem）的前方，最原始的名称为"Château Peyraguey"。在1855年被评为分级一级酒庄之前，原本是一个单一庄园，于1878年被分割开来成为两个庄园，另一个为拉夫·贝哈格吉（Lafaurie-Peyraguey）酒庄，而这个庄园是较小的一部分，没有古堡建筑物。1879年酒庄由巴黎来的医生接手，成为庄园主人。1914年转移给了Garbay及Ginestet，1969年Jacques Pauly接下了此酒庄，并致力于酿制好酒。

基本资料

法定产区	索泰尔讷 Bommes Sauternes
分级	一级（1855年）1er Grand Cru Classe
葡萄园面积	15公顷
葡萄树龄	40年
年生产量	2000箱×12瓶
土质	砂砾石
葡萄品种	83%赛蜜蓉／5%长相思／2%密思卡岱
酿造方法	采用波尔多传统方式酿造，再按各种不同葡萄品种分别储存于橡木桶中18个月，每年更换20%的全新橡木桶。
副标	Haut–Bommes

品尝注解	中等酒体，亮金黄色泽、清新、甜美、可在酒体年轻时饮用。
知名度	中低
较佳年份	一直以来均平顺，没有太特别。
出口价格	€22～€30
储存潜力	10～15年
价　　格	以一级酒庄的品质及历史来论，价格适中，物有所值。
整体评价	★★

Map P.161 ④

古岱山酒庄
Château Coutet

（正标）

古岱酒庄是13世纪就开始建立的庄园，1788年为当时的波尔多议会议长Gabriel Barthelemy-Roman de Fihot所拥有。议长过世后，将庄园传给了孙子Marquis Romain-Bertrand de Lur-Saluces。不久之后，他又拥有知名的一级酒庄伊甘（d'Yquem）及两家二级酒庄飞跃（Filhot）及德·玛尔（de Malle），成为世界最大的甜酒酿造商。同样是一级酒庄的古岱，常常被人们说成是可以追随在克里蒙（Climens）酒庄之后的巴萨克优质酒庄之一。1922年之前由Rolland-Guy家族所拥有，也酿出杰出的酒质；1977年之后由Marcel Baly买下，接续原有优良传统，并再加以发扬。酒庄偶尔会生产相当精致少量的极品酒，称为"Cuvee Madame"。酒庄现由木桐集团（Mouton Rothschild）经营管理。

索泰尔讷与巴萨克产区

基本资料

法定产区	巴萨克　Barsac
分级	二级（1855年）2eme Grand Cru Classe
葡萄园面积	38公顷
葡萄树龄	平均40年
年生产量	5000箱×12瓶
土质	黏土、石灰石
葡萄品种	75%赛蜜蓉／23%长相思／ 2%密思卡岱
酿造方法	采用波尔多传统方式于大木桶中发酵，再按各种不同葡萄品种分别储存于橡木桶中约24个月，每年更换30%的全新橡木桶。
副标	Château Coutet Cuvee Madame

品尝注解	高丰腴酒体，金黄色泽、甜美、丰润、甜度稍低些、多重成熟果香。
知名度	中高
较佳年份	1985年之后品质皆优秀稳定，2000年到2009年均相当杰出。
出口价格	€30～€50
储存潜力	15～30年
价格	以其优秀品质及知名度来论，虽然这些年价格上升，但价格算稳定合理。
整体评价	★★★

Map P.161 **24**

达仕酒庄
Château d'Arche

（正标）

　　建立于16世纪初期的庄园，当时的名称为"Bran-Eyre"，一直到18世纪被达仕伯爵（Comte d'Arche）买下后才更名为"d'Arche"。酒庄在历史过程中，曾沉寂相当长的一段时间，并且断断续续地中断经营过，几乎被人忽视及遗忘。现在酒庄的主人为Bastit-St-Martin家族，1981年Pierre Peromat租下此酒庄，并且下定决心重整庄园，酿造出酒庄原有顶级酒的酒质及重振声誉。

　　酒庄内的设施相当完善，内设有9间高雅的客房，静谧及如画般的景观，也有着可供百人以上的婚宴、会议等使用的大型厅堂。

基本资料

法定产区	索泰尔讷 Sauternes
分级	二级（1855年） 2eme Grand Cru Classe
葡萄园面积	30公顷
葡萄树龄	平均45年
年生产量	2500箱×12瓶
土质	8%的砂砾石，20%的黏土石灰岩
葡萄品种	80%赛蜜蓉／15%长相思／5%密思卡岱
酿造方法	采用波尔多传统方式酿造，再按不同之葡萄品种分别储存于橡木桶中约24个月，每年更换40%的全新橡木桶。
副标	Cru de Braneyre

品尝注解	中高酒体，金黄色泽、甜美、丰润、平衡协调性佳。
知名度	中
较佳年份	1985年之后酒质稳定，具一定的水准。
出口价格	€15～€20
储存潜力	10～20年
价格	虽然没有特别出色或杰出的表现，但价格也稳定适中。
整体评价	★★

Map P.161 ⑪

德·玛尔酒庄
Château de Malle

（正标）

200公顷大而美丽的庄园，跨越了两个法定产区——索泰尔讷与巴萨克，建立于16世纪中期，而古堡建筑物被庄严的意大利式庭园环绕，是在17世纪完成的，偌大的庄园只有27公顷种植葡萄。1956年因霜害关系，葡萄全部重新栽种。几世纪以来，酒庄一直都是属于同一家族，德·玛尔（de Malle）传了五代，吕尔-萨律斯（de Lur-Saluces）传了六代，德·布纳泽（de Bournazel）现已传至第三代。德·布纳泽于1985年去世，生前曾经担任顶级分级酒庄协会会长，并于1959年创立了索泰尔讷与巴萨克好年代骑士会（Comman Derie du Bontemps de Sauternes et Barsac）。17世纪中期前以生产不甜的白葡萄酒为主，1666年才开始生产甜白葡萄酒。

其他在格拉夫产区的酒标：

Chavalier de Malle （Graves） 白酒：3公顷

Château de Cardaillan （Graves） 红酒：20公顷

索泰尔讷与巴萨克产区

基本资料

法定产区	索泰尔讷 Preignac Sauternes
分级	二级（1855年） 2eme Grand Cru Classe
葡萄园面积	27公顷
葡萄树龄	40年
年生产量	4000箱×12瓶
土质	矽质土、砂土、黏土、砂砾土
葡萄品种	69%赛蜜蓉／28%长相思／3%密思卡岱
酿造方法	采用波尔多传统方式酿造，再按各种不同葡萄品种分别储存于橡木桶中18个月，每年更换30%的全新橡木桶。
副标	Château de Ste-Helene

品尝注解	浓郁之酒体，金黄色泽、清新、甜美、蜂蜜、杏桃果香，可在年轻时饮用。
知名度	中高
较佳年份	1985年以后的酒质趋于稳定，达到一定的水准，2000年以后更佳，2003年非常杰出。
出口价格	€20～€25
储存潜力	12～25年
价格	以二级酒庄及其历史、酒质，应该可说是物有所值。
整体评价	★★★

Map P.161 **16**

德·罕·维诺酒庄

Château de Rayne-Vigneau

（正标）

（副标）

从酒庄的名称及被称为"Vigneau de Bommes"维诺（Vigneau）——1635年建立庄园的家族姓氏，我们可以得知，酒庄在Bommes地区的知名度及其悠久的历史；从17世纪建园以来，虽然经历了相当长的时空变化，但酒庄一直保有一定的声誉。位于加龙河（Garonne）支流西隆河（Ciron）畔的单一园区，有着令人惊叹的土质，它包含着蓝宝石、黄玉石、石英石及水晶石等，靠近河岸的园区秋天的晨露可带给葡萄更好的贵腐菌，独特及天然良好的天然环境，造就了优秀的贵腐葡萄酒。1961年Pontac家族买下了些庄园，1971年由Mestrezat接手，并由Cordier家族经营。酒庄同时也生产不甜的白酒，当然葡萄也在较早的时间分别采收。

基本资料

法定产区	索泰尔讷 Bommes Sauternes
分级	一级（1855年）1er Grand Cru Classe
葡萄园面积	80公顷
葡萄树龄	平均30年
年生产量	1000箱×12瓶
土质	砂砾石层土、黏土
葡萄品种	74%赛蜜蓉／24%长相思／2%密思卡岱
酿造方法	采用波尔多传统方式酿造，再按各种不同葡萄品种分别储存于橡木桶中，每年更换50%的全新橡木桶。
副标	Madame de Rayne；Rayne Sec（不甜白酒）

品尝注解	中高之酒体，淡金黄色泽、圆润、细致、甜美、酸度稍差些。
知 名 度	中高
较佳年份	1985年以后品质维持相当一致的水准。
出口价格	€21 ~ €27
储存潜力	10 ~ 25年
价　　格	以一级酒庄、品质、知名度而论，价格维持稳定，合理、物超所值。
整体评价	★ ★ ☆

Map P.161 ⑨

杜希·玳艾酒庄
Château Doisy-Daêne

（正标）

在巴萨克现有三个杜希（Doisy）酒庄，其实原本只有一家，但在19世纪时被分割开来；由于当年酒庄的腐败与堕落而将其中的部分给了一位英国人Daêne，因此酒庄就更名为"Doisy-Daêne"。

1924年庄园被George du Bourdieu买下，至今已是第三代，他是一个改革与创新者，采用低温的发酵方式，让酒精与糖分之间更加协调及平衡，曾在1945年酿造出杰出的年份酒，名声持续至今，已超过50年。儿子Pierre及Denis均是著名的专业酿酒师，也是波尔多酿酒大学的教授，致力于将酒质提升到更高的品质。

基本资料

法定产区	巴萨克 Barsac
分级	二级（1855年）2eme Grand Cru Classe
葡萄园面积	17公顷
葡萄树龄	平均35年
年生产量	3000箱×12瓶
土质	石灰石土上沙土
葡萄品种	80%赛蜜蓉／20%长相思
酿造方法	采用波尔多传统方式大木桶低温发酵，再按不同葡萄品种分别储存于橡木桶中24个月，每年更换100%的全新橡木桶。
副标	1. Château Cantegril 2. Vin Sec du Château Coutet

品尝注解｜中高酒体，亮黄金色泽、鲜美、丰润、高雅、蜂蜜及成熟果香。

知　名　度｜中

较佳年份｜1980年以后品质维持一贯优良，2000年以后更加进步，2009年非常杰出。

出口价格｜€20～€30

储存潜力｜10～25年

价　　格｜一直维持一定的品质，可说是物有所值。

整体评价｜★★★

Map P.161 **8**

杜希·杜波卡酒庄
Château Doisy-Dubroca

（正标）

　　杜希·杜波卡酒庄是一间小庄园，19世纪前是属于杜希（Doisy）的一部分，分割后更名为"Doisy-Dubroca"。近百年来，酒庄与另一家知名一级酒庄克里蒙（Climens）相连在一起，现在的主人Louis Lurton将酒庄内所有的采收、酿造、储存、装瓶等作业，全部交由克里蒙酒庄一同照顾。

　　此酒庄所生产的酒，可能是因为产量少，亦或者是勒顿（Lurton）家族只销售给自己特别的私人客户吧，在预购市场上，几乎不曾发现此酒庄列在名单上。

基本资料

法定产区	巴萨克　Barsac
分级	二级（1855年）2eme Grand Cru Classe
葡萄园面积	3.3公顷
葡萄树龄	平均35年
年生产量	500箱×12瓶
土质	黏土、石灰石
葡萄品种	100%赛蜜蓉
酿造方法	采用波尔多传统方式酿造，储存于橡木桶中达24个月，每年更换30%全新橡木桶。
副标	La Demoiselle de Doisy

品尝注解｜中高清香酒体，金黄色泽、新鲜、甜美、雅致、蜂蜜及奶油果香。

知 名 度｜中低

较佳年份｜据说1980年以后品质维持一定水准。

出口价格｜这些年不曾在预售市场看到它的价格。

储存潜力｜10~20年

价　　格｜产量极少，不易觅得。

整体评价｜★★

Map P.161 **7**

杜希·维汀酒庄

Château Doisy-Védrines

（正标）

　　庄园最原始的主人是Chevaliers de Védrines，他用自己家族姓氏作为酒庄的名称，家族拥用此酒庄有几世纪之久，而后转手给杜希家族。因此，原来的杜希（Doisy）酒庄加上了原来的维汀（Védrines）酒庄，构成该酒庄的现在模样。

　　知名的波尔多酒公司Joanne的Casteja家族于1840年接手此酒庄，直到今日，酒庄维持着一定的品质及良好的声誉；为了维护其酒庄声誉，某些年份如果未达其严格要求的标准，就不以"Doisy-Védrines"的标签出售。

基本资料

法定产区	巴萨克　Barsac
分级	二级（1855年）2eme Grand Cru Classe
葡萄园面积	27公顷
葡萄树龄	平均35年
年生产量	2000～3000箱×12瓶
土质	黏土、石灰石
葡萄品种	80%赛蜜蓉／15%长相思／5%密思卡岱
酿造方法	采用波尔多传统方式及现代的设备酿造，再按各种不同葡萄品种分别存于橡木桶中18个月，每年更换75%全新橡木桶。
副标	Château la Tour–Védrines

品尝注解｜中高酒体，亮黄金色泽、新鲜、丰润、甜美、优雅、多种熟成果香。

知 名 度｜中低

较佳年份｜一直以来都维持相当高的标准，2009年非常杰出。

出口价格｜€20

储存潜力｜10～25年

价　　格｜以一贯良好的酒质、历史、知名度来论，价格非常适当，物超所值。

整体评价｜★★☆

Map P.161 ⑱

伊甘酒庄
Château d'Yquem

（正标）

　　伊甘酒庄是唯一于1855年被评为分级酒庄特优的一级酒庄，更胜于拉图（Latour）、拉斐（Lafite）、玛歌（Margax）及奥比昂（Haut–Brion）等一级酒庄。"没有贵腐葡萄就没有伊甘酒庄"，这是该酒庄的名言，这是大自然给人类的最好的礼物，否则如何能造就它如此极致的酿造工艺及珍贵的历史文化。1593年索瓦日（Sauvage）家族买下了此庄园，约两百年之后的1785年，其后代孙女Francoise Josephine de Sauvage与当时的Louis Amedee de Lur Saluces 伯爵结婚，而伊甘酒庄便名正言顺地到了Lur Saluces家族手中；其中最重要的灵魂人物是Bertrand de Lur Saluces侯爵，他创造了酒庄历史辉煌的一页，他的侄子Alexandre de Lur Saluces于1968年承接，延续着酒庄传统的荣耀。酒庄一直有自己的坚持，严格要求品质，曾在20世纪因品质未达一定标准而停止生产了近十个年份。如此可知，真是所谓的"采收严冬雪，冰冻刺骨寒，始信瓶中液，滴滴皆珍酿"。但这以波尔多传统方式酿造、四百年来只有两个家族曾经拥有的庄园，仍然抵不过现代大型集团的诱惑，于1999年将大部分的股权售予世界知名的高级品牌集团LVMH。

基本资料

法定产区	索泰尔讷 Sauternes
分级	特优一级（1855年） 1er Grand Cru Classe Superieur
葡萄园面积	103公顷（其中大约20余公顷为较年轻的葡萄树）
葡萄树龄	平均35年
年生产量	6000～10000箱×12瓶
土质	砂土、砂砾石层土、黏土
葡萄品种	80%赛蜜蓉／20%长相思
酿造方法	采用波尔多传统方式酿造，再按各种不同葡萄品种分别储存于橡木桶中6个月～3年不等，每年更换100%的全新橡木桶，No Chaptalisation（不加糖）。
副标	"Y"波尔多白酒
年生产量	2000箱×12瓶

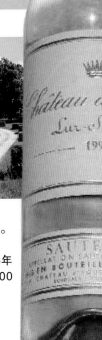

品尝注解｜高丰腴酒体，金黄色泽、甜美、柔顺、高雅、细致、多重成熟果香。

知 名 度｜高

较佳年份｜1951年、1952年、1964年、1972年、1974年、1992年未生产，1985年生产量少，1993年、1994年较平凡，其余年份均达优质高标准，2000年后达到高峰。

出口价格｜€160～€400 2009年预购价达到€540，2010年有所回落。

储存潜力｜20～50年

价　　格｜超高，尤其是特别年份，但物以稀为贵，市场供需因素，很难寻求平衡点。

整体评价｜★★★★

Map P.161 **25**

飞跃酒庄
Château Filhot

（正标）

飞跃（Filhot）可算是索泰尔讷（Sauternes）产区最美丽、最壮观的酒庄之一。300公顷的庄园只有60公顷栽种葡萄，建立于18世纪后期，由当时的波尔多议会议长德·飞跃（Filhot）从Pineau de Rey接手此庄园，并更名为飞跃（Filhot）酒庄。法国大革命之后。他的孙子Marquis de Lur-Saluces继承了酒庄，并且加以整建完成，也以"Château Sauternes"之名销售，1935年Filhot的后代子孙重新买下庄园，并将名字改回来。但可惜的是，一直以来都未能酿造出让人心动、赏心悦目或较杰出的酒质。之前一直采用玻璃纤维大桶发酵，近年来从新的资料上得知，已改采用橡木桶储存陈年，此改变应该可以改进其品质。

基本资料

法定产区	巴萨克　Barsac
分级	二级（1855年）　2eme Grand Cru Classe
葡萄园面积	60公顷
葡萄树龄	平均38年
年生产量	10000箱×12瓶
土质	砂砾石、黏土及砂石、石灰石为底
葡萄品种	50%赛蜜蓉／45%长相思／5%密思卡岱
酿造方法	采用波尔多传统方式酿造，之前采用玻璃纤维大桶，而后改由不锈钢大桶，于橡木桶中储存陈年，每年更换1/3的全新橡木桶。
副标	N/A

品尝注解	│	中等酒体，淡金黄色泽、柔顺、甜美、果香佳，但较平凡。
知名度	│	中低
较佳年份	│	1996年之前较平凡，之后的年份有长足的进步。
出口价格	│	€14～€15
储存潜力	│	10～15年
价　　格	│	虽然酒质并不出色，但价格也不算高，产量也算多。
整体评价	│	★★

Map P.161 ㉑

吉豪酒庄
Château Guiraud

（正标）

　　知名的古老酒庄，曾有着风光的过去，1981年被加拿大Hamilton Narby购得，而后以旺盛的企图心重新整建酒庄及葡萄园，包括把原有大量的长相思（Sauvignon）品种挖除，改种赛蜜蓉（Semillon）等品种改良工作。但最后因资金用完，造成酒庄的困境，甚至无法采用橡木桶使其成熟。1988年其子Frank Narby接手后，请来了知名的酿酒师Xavier Planty，使酒庄再度走向光明，重新回到顶级分级酒庄行列。一般来说，在气候不佳造成葡萄甜份不足时，是可以在葡萄汁中加糖酿造（Chaptalisation）的。但因身为一级酒庄，坚持以自然方式酿造，因此即使在采收不佳的情况下，也不去采收不良的葡萄串。

基本资料

法定产区	索泰尔讷 Sauternes
分级	一级（1855年） 1er Grand Cru Classe
葡萄园面积	85公顷（另15公顷生产不甜白酒）
葡萄树龄	平均35～40年
年生产量	8000箱×12瓶
土质	黏土、砾石、砂土砾石层土
葡萄品种	65%赛蜜蓉／35%长相思
酿造方法	采用波尔多传统方式酿造，再按各种不同葡萄品种分别储存于橡木桶中24个月，每年更换50%的全新橡木桶。
副标	Le Dauphin de Château Guiraud

品尝注解	中高酒体，淡金黄色泽、甜美、细致、高雅、酸甜协调性佳。
知 名 度	中
较佳年份	1988年到1999年维持相当的水准；2000年后进入了一个高峰状态；2003年、2005年、2009年相当优秀。
出口价格	€27～€35
储存潜力	15～30年
价　　格	一级酒庄及其知名度，酒质佳，价格维持稳定合理。
整体评价	★★★

Map P.161 **19**

白塔酒庄

Château La Tour Blanche

（正标）

这是一个比较特殊的酒庄，从1910年起它不属于民间自营或集团，而是属于法国农业部，并由农业学校经营管理。坐落在Bommes村中心的庄园，邻近加龙河（Le Garonne）支流——西隆河（Ciron），有着得天独厚的天然环境，秋天的晨露给葡萄带来最好的贵腐效果，达到最高的品质。大概是因属农业部及农业学校的关系，酒庄在葡萄的栽种、收成都相当慎选，譬如1992年及1993年，就因不佳的气候而没有一瓶酒是用酒庄名称贴标出售的，这也是酒庄要求完美的关系，并以此作为模范。

基本资料

法定产区	索泰尔讷 Bommes Sauternes
分级	一级（1855年） 1er Grand Cru Classe
葡萄园面积	40公顷
葡萄树龄	平均28年
年生产量	5000×12瓶
土质	砂砾石、黏土、矽质石灰岩
葡萄品种	84%赛蜜蓉／10%长相思／6%密思卡岱
酿造方法	采用波尔多传统方式酿造，再按各种不同葡萄品种分别储存于橡木桶中，每年更换100%的全新橡木桶。
副标	Le Charmilles de Tour Blanche

品尝注解	中高之酒体，淡金黄色泽、甜美、柔顺、成熟果香、完美协调性佳。
知名度	中
较佳年份	1995年之后品质开始好转并达到一定水准，2001年、2003年、2009年较杰出。
出口价格	€30～€40
储存潜力	15～25年
价格	以一级酒庄及其酒质来论，价格比较稳定合理。
整体评价	★★★

Map P.161 **15**

拉夫·贝哈格酒庄

Château Lafaurie-Peyraguey

（正标）

　　是索泰尔讷地区除了伊甘酒庄（d'Yquem）以外，最为壮观及华丽的古堡建筑，建于13世纪如堡垒般的门廊及17世纪的古堡，有着令人赞叹的西班牙拜占庭式的建筑风格，已成为索泰尔讷地区的建筑宝藏。庄园曾被Bommes地区的亲王贵族拥有了相当长的时间，之后转手给波尔多议会议长Pichad，而后于1795年再转让给Lafaurie，并在原先酒庄名称前加上了其姓氏。从此之后是酒庄的风光时期，延续了至少50年以上，才造就了1855年被评为分级一级酒庄。1913年知名酒商Cordier接手经营，中间有些政策上的改变，首先园区原有30%长相思（Sauvignon）品种删减到5%，而将赛蜜蓉（Semillon）品种增加到90%；其次是改变传统发酵及储存方式，造成在1970年间的酒质与索泰尔讷地区的特质有相当大的落差，所幸之后回到了原来的传统方式。

基本资料

法定产区	索泰尔讷 Bommes Sauternes
分级	一级（1855年） 1er Grand Cru Classe
葡萄园面积	40公顷
葡萄树龄	平均40年
年生产量	7000箱×12瓶
土质	砂砾石层土、冲积层土
葡萄品种	90%赛蜜蓉／5%长相思／5%密思卡岱
酿造方法	采用波尔多传统方式酿造， 再按各种不同葡萄品种分别储存于橡木桶中18～20个月，每年更换30%的全新橡木桶。
副标	La Chapelle de Lafaurie

品尝注解	中高酒体，亮丽金黄色泽、甜美、细致、蜂蜜及成熟果香。
知名度	中
较佳年份	1980年以后酒质达到相当优秀的水准， 2000年以后更上一层楼。
出口价格	€25～€30
储存潜力	15～30年
价格	以酒庄的历史、知名度、酒质而论，可谓相当值得。
整体评价	★★★

Map P.161 ㉓

拉慕特酒庄
Château Lamothe

（正标）

　　1961年被分割后的小庄园，之前与另一家达仕（d'Arche）酒庄为同一个主人，而后这较小的部分售予现在的主人Despujols家族。1990年之前的年份比较让人失望，但之后已慢慢恢复其应有的水准。

基本资料

法定产区	索泰尔讷 Sauternes
分级	二级（1855年）2eme Grand Cru Classe
葡萄园面积	7公顷
葡萄树龄	平均40年
年生产量	1500箱×12瓶
土质	砂砾层土
葡萄品种	85%赛蜜蓉／10%长相思／5%密思卡岱
酿造方法	采用波尔多传统方式酿造，部分于大木桶，部分于不锈钢桶，再按各种不同葡萄品种分别储存于橡木桶中。
副标	N/A

品尝注解 | 中等酒体，淡金黄色泽、甜度低些、清新、雅致。
知 名 度 | 中低
较佳年份 | 1995年以后才开始维持一定的水准。
出口价格 | 这些年不曾在预售市场中看到它的价格。
储存潜力 | 8～15年
价　　格 | N/A
整体评价 | ★★

Map P.161 **22**

拉慕特 · 吉雅酒庄

Château Lamothe-Guignard

（正标）

　　酒庄在1814年之前的名字为Lamothe d'Assault，过去的拉慕特酒庄一直处于不安定中，期间经过太多次的易主。而现在的拉慕特（Lamothe），原本是单一的庄园，1961年分割部分出去后，保留的大部分仍然掌握在达仕（d'Arche）酒庄中，但是以Lamothe-Bergey之标签出售，一直到1981年出售给现在的主人Guignard家族后，才更名为"Château Lamothe-Guignard"。

基本资料

法定产区	索泰尔讷　Sauternes
分级	二级（1855年）2eme Grand Cru Classe
葡萄园面积	17公顷（全部园区有32公顷，其他生产一般酒）
葡萄树龄	平均30年
年生产量	3000箱×12瓶
土质	砂砾石
葡萄品种	90%赛蜜蓉／5%长相思／ 5%密思卡岱
酿造方法	采用波尔多传统方式酿造，再按各种不同葡萄品 种分别储存于橡木桶中24个月，每年更换20%的 全新橡木桶。
副标	Château Lamothe–Guignard

品尝注解	中高酒体，金黄色泽、高雅、清新、细致、甜美、成熟果香。
知名度	中
较佳年份	1980年以后一直维持相当的水准。
出口价格	€12～€15
储存潜力	8～20年
价　　格	以一直以来维持的酒质来论，可说相当实惠。
整体评价	★★☆

Map P.161 ③

德·密哈酒庄

Château Myrat

（正标）

　　建立于17世纪的美丽酒庄，能让人发思古之幽情。在20世纪70年代将园区葡萄树全部拔除，庄园的主人已没有能力再重新整建、栽种，于是荒芜了一段时间。所幸的是它的承接者Comte de Pontac有能力重新栽种，让酒庄重现生机。

　　蓬塔克（Pontac）家族的祖先Arnaud Pontac于17世纪时，在波尔多的葡萄酒业里就是个相当有影响力的知名人物，他首先提倡了葡萄园产区（CRU）的概念，并从自己的奥比昂（Haut-Brion）园区开始，而后也成功地将这个概念延伸到了欧洲各地。

基本资料

法定产区	巴萨克 Barsac
分级	二级（1855年）2eme Grand Cru Classe
葡萄园面积	22公顷
葡萄树龄	平均20年
年生产量	3300箱×12瓶
土质	黏土、石灰岩层
葡萄品种	88%赛蜜蓉／8%长相思／4%密思卡岱
酿造方法	采用波尔多传统方式酿造，慢速压榨，大橡木桶发酵，而后储存于橡木桶陈年24个月，每年更换30%的全新橡木桶。
副标	N/A

品尝注解	中等之酒体，浅金黄色泽，平顺、柔和、甜美，甜度较低，没有特别明显的特色。
知名度	低
较佳年份	1991年才重新开始正式生产甜白酒。
出口价格	€18～€20
储存潜力	15～20年
价格	再次复兴的酒庄，葡萄树龄不长，这些年感觉在进步中，价格也适中。
整体评价	★★

Map P.161 ①

奈哈克酒庄
Château Nairac

（正标）

　　酒庄由一位波尔多的酒类运输商奈哈克（Nairac）建立于18世纪中后期。奈哈克先生要求当时的建筑师，必须建造一个非常醒目的花园及城堡，因为酒庄就位于通往巴萨克镇入口处的主要道路上，上述典故在历史档案中有记载，并非只是传说。1972年Nicole Tri-Heeter从其父亲手中接下酒庄，与她的三个儿子共同努力经营，致力于维持酒庄的好名声。1993年由其子Nicolas接管。

　　此家族是一个百分之百坚持索泰尔讷传统信念的家族；为了维护酒庄优良的声誉，如果当年葡萄的贵腐达不到一定的标准，所生产的酒绝不贴上该酒庄瓶标出售，以维持其绝对的高品质。

基本资料

法定产区	巴萨克 Barsac
分级	二级（1855年）2eme Grand Cru Classe
葡萄园面积	17公顷
葡萄树龄	平均40年
年生产量	1500箱×12瓶
土质	砂质、砂砾石层土、石灰石
葡萄品种	90%赛蜜蓉／6%长相思／4%密思卡岱
酿造方法	采用波尔多传统方式酿造，再按各种不同葡萄品种分别储存于橡木桶中，每年更换；有些年度，甚至可达100%全新。
副标	N/A

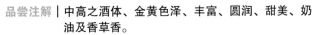

品尝注解	中高之酒体、金黄色泽、丰富、圆润、甜美、奶油及香草香。
知名度	中
较佳年份	30年来品质都维持相当的水准，这几年更展现出了酒的特色。
出口价格	€30～€50
储存潜力	10～20年
价格	虽是二级酒庄，但酒质相当一致，各方评价均佳，价格虽高，尚可接受。
整体评价	★★☆

Map P.161 **17**

哈堡－葡密酒庄

Château Rabaud-Promis

（正标）

　　Rabaud原本是个单一的庄园，1903年将原有47公顷的庄园中约三分之二分割出来，卖给了Adrien Promis，此后酒庄更名为"Rabaud-Promis"。1929年曾经再合并过，但于1952年又再次被分割，一级酒庄Château Peixotto后来也因并入此酒庄而消失。1980年之前酒庄曾面临黯淡无光的时期，整个酒庄及葡萄园疏于照料到相当糟糕的地步，更遑论酒的品质如何了。而后酒庄努力改进，现已有长足的进步。

基本资料

法定产区	索泰尔讷 Bommes Sauternes
分级	一级（1855年）1er Grand Cru Classe
葡萄园面积	33公顷
葡萄树龄	平均35年
年生产量	6000箱×12瓶
土质	砂砾石
葡萄品种	80%赛蜜蓉／18%长相思／ 2%密思卡岱
酿造方法	采用波尔多传统方式酿造，于水泥槽及大木桶中发酵，储存于橡木桶中12～14个月。每年更新30%全新橡木桶。
副标	1. Domaine de L'estremade 2. Château Bequet

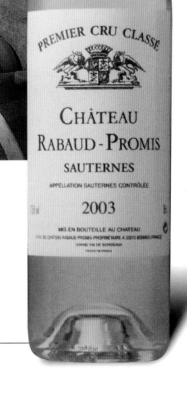

品尝注解｜中等之酒体，金黄色泽、平顺、柔和、甜美，少一些特色。

知名度｜中低

较佳年份｜1988年以后才维持一定的水准，2005年后才感觉有些特质，2009年可算佳作。

出口价格｜€16～€25

储存潜力｜10～20年

价格｜一级酒庄，虽有黯淡的岁月，但这些年的改进值得肯定，价格也适中。

整体评价｜★★

Map P.161 **20**

莱斯酒庄
Château Rieussec

　　园区坐落在索泰尔讷最高的山丘上，仅次于另一家知名的一级酒庄伊甘（d'Yquem）。除了园区高度外，酒庄的名声及酒质也常被人称赞是索泰尔讷地区仅次于伊甘的分级酒庄，园区虽然在索泰尔讷地区，但酒庄的建筑物在Fargues村。1971年由Albert Vuillier接手后，开始以最传统的方式酿制贵腐酒，酒质呈现深金黄色泽；可能由于过于极端，因此有些人喜欢，但也有许多人不喜欢，过熟的贵腐及较沉重的橡木桶，失去了它原有甜美与协调性。1984年酒庄转手给了Domaines Rothschild，经由新的方式，改进其酿造过程，让酒质获得更多人的欣赏。

其他酒标：
1. Château Mayne des Carmes 红酒
2. de Rieussec

（正标）

（副标）

基本资料

法定产区	索泰尔讷 Sauternes
分级	一级（1855年） 1er Grand Cru Classe
葡萄园面积	78公顷
葡萄树龄	平均25年
年生产量	8500箱×12瓶
土质	砂砾石层土
葡萄品种	90%赛蜜蓉／7%长相思／3%密思卡岱
酿造方法	采用波尔多传统方式酿造，再按各种不同葡萄品种分别储存于橡木桶中18～30个月，每年更换50%的全新橡木桶。
副标	Clos Labere／Carmes de Rieussec

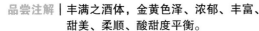

品尝注解	丰满之酒体，金黄色泽、浓郁、丰富、甜美、柔顺、酸甜度平衡。
知名度	中高
较佳年份	1988年之后经由改良酒质达到相当高的水准，2003年后进入了酒庄全盛期。
出口价格	€40～€55
储存潜力	15～30年
价　格	以一级酒庄、品质、知名度来论，价格维持稳定及合理。
整体评价	★★★☆

Map P.161 ⑩

罗曼・杜海佑酒庄

Château Romer du Hayot

（正标）

　　1855年被评为分级二级酒庄时的名称为孟达列-罗曼酒庄（Château Romer），于1881年被分割成两部分，而原有的庄园只剩5公顷，另一部分则被杜海佑夫人（du-Hayot）取得后更名，部分园区与另一知名分级酒庄德・玛尔（de Malle）酒庄相邻，位于Fargues村的边缘地带，虽然园区分布在两个不同村庄，但酿酒却都在巴萨克完成。

基本资料

法定产区	索泰尔讷Preignac Sauternes
分级	二级（1855年）2eme Grand Cru Classe
葡萄园面积	11公顷
葡萄树龄	平均35年
年生产量	2000箱×12瓶
土质	砂砾石层土、砂土、黏土
葡萄品种	70%赛蜜蓉／25%长相思／ 5%密思卡岱
酿造方法	采用波尔多传统方式酿造，采用大不锈钢桶，再按各种 不同葡萄品种，分别储存于橡木桶中24个月。
副标	N/A

品尝注解	中高之酒体，淡金黄色泽、柔美、甜度稍低、平衡、协调性佳。
知 名 度	低
较佳年份	1988年之后酒质均维持一定水准。
出口价格	€12～€14
储存潜力	10～15年
价　　格	虽然知名度不高，但却是顶级酒庄中价格最实惠的，物超所值。
整体评价	★★

Map P.161 ⑬

希戈拉－哈保酒庄

Château Sigalas-Rabaud

（正标）

酒庄的原始名称为哈堡酒庄（Rabaud），在17世纪时曾被分割，而后由Eponymouse家族将其归一。庄园之古堡建筑建立于1780年，当年的建筑师与波尔多大剧院设计者为同一人；1863年Henri Drouilhet de Sigalas买下庄园并加上其姓氏。1903年再度被分割，另一半被Adrien Promis买下，1929年曾再度归一，但于1952年又再次分开，现在酒庄由其孙女Marquis Delambert des Granges独自拥有。1995年酒庄与Domaines Cordier签订了经营合约，委托专家Gedges Opauli的酿酒团队运作，酒质也因而进入了新气象。

索泰尔讷与巴萨克产区

基本资料

法定产区	索泰尔讷 Bommes Sauternes
分级	一级（1855年）1er Grand Cru Classe
葡萄园面积	14公顷
葡萄树龄	平均35年
年生产量	2000箱×12瓶
土质	矽质砂砾石层土
葡萄品种	85%赛蜜蓉／15%长相思
酿造方法	采用波尔多传统方式酿造，再按各种不同葡萄品种分别储存于橡木桶中至少20个月，每年更换30%的全新橡木桶。
副标	N/A

品尝注解｜中高酒体，金黄色泽、甜美、高雅、细致、成熟果香。
知 名 度｜中
较佳年份｜1995年之后酒质相当明显地达到高水准，2005年之后进入另一个新气象。
出口价格｜€20～€35
储存潜力｜10～20年
价　　格｜近些年品质不断进步，价格适中。
整体评价｜★★★

Map P.161 ⑫

苏德奥酒庄
Château Suduiraut

（正标）

　　苏德奥酒庄是在17世纪之前就已经存在的酒庄，却在1648年到1653年间的法国反专制政治运动中遭到摧毁，而后由Blaise de Suduiraut伯爵重新建立于17世纪，高贵、宏伟的庄园古堡建筑被美丽的花园所围绕。庄园坐落在Preignan的西隆谷（Ciron Valley）中心，与著名的特优一级酒庄伊甘（d'Yquem）为邻，一部分位于Preignan村，部分园区则位于索泰尔讷。1940年左右Fonquernie家族购得此庄园，慢慢地重新整建其原有声誉，重回昔日的品质。1992年家族将大部分之股份售予现在的主人Axa-Millesimes，更是加强了酒庄的品质及名声。

基本资料

法定产区	索泰尔讷Preignac Sauternes
分级	一级（1855年） 1er Grand Cru Classe
葡萄园面积	90公顷
葡萄树龄	平均25年
年生产量	8000×12瓶
土质	砂砾石层土、沙、黏土
葡萄品种	90%赛蜜蓉／10%长相思
酿造方法	采用波尔多传统方式酿造，再按各种不同葡萄品种 分别储存于橡木桶中18~24个月， 每年更换30% 的全新橡木桶。
副标	Castelnau de Suduirat

品尝注解	中高酒体，浅金黄色泽、甜美、高雅细致、蜂蜜、协调性佳、成熟果香。
知 名 度	中
较佳年份	20世纪60年代曾创造了最优秀的品质，而后中断一段时间；1980年以后恢复其应有一级酒庄的品质，2000年以后可谓黄金年代。
出口价格	€35~€50
储存潜力	15~30年
价　　格	以一级酒庄及其一直以来的品质、名声而言，价格算是合理。
整体评价	★★★

PART 4 产区巡礼

Pessac-Léognan Graves

格拉夫 佩萨克-雷奥良

　　格拉夫是广义的概念，位于波尔多之西一直延伸到东南方，在加龙河（La garonne）左岸，偌大的产区，统称为大格拉夫产区，里面包含了许多知名的、各自独立分开的法定小产区，如佩萨克 - 雷奥良，索泰尔讷 - 巴萨克（Sauternes et Barsac）等。

　　"Graves"法文之意是砂砾石，此产区因有大量砂砾石而得名，格拉夫是波尔多最早种植葡萄的产区，邻近波尔多市，占了地利之便，发展快速，但是为什么在 1855 年分级酒庄评鉴时却只有奥比昂（Haut-Brion）被评为顶级分级酒庄呢？可能是当年格拉夫产区，大多数酒庄以生产白葡萄酒为主吧！因此格拉夫虽然发展早，但知名度及名声却不如梅多克及圣埃米利永，也可能是当年商业利益的关系，再加上没有得到酒评书及所谓酒评专家的青睐吧！

　　格拉夫产区于 1953 年订立了评鉴制度，评定 16 家酒庄进入特别级（Grand Cru Classe）行列，但所有被列入特别级的酒庄均在佩萨克（Pessac）及雷奥良（Léognan）产区内，经由讨论后于 1987 年决议，将两个产区变为一个产区，瓶标上标示着"Pessac-Léognan"，但还是冠上了"格拉夫"。

　　本产区酒质的风味，红酒中高酒体、典雅、平顺、柔美、果香，没有太多负担，容易品尝。白酒大都是以长相思（Sauvignon）及赛蜜蓉（Semillon）调配而成，相当优秀，有多重复杂香气，值得细心品味。

格拉夫
佩萨克-雷奥良 *Pessac-Léognan Graves*
葡萄酒产区

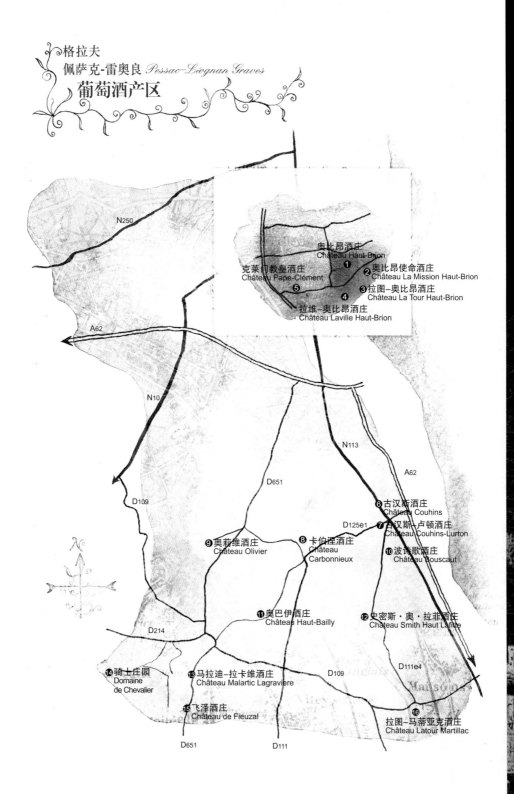

N250

奥比昂酒庄
Château Haut-Brion

❶

克莱门教皇酒庄
Château Pape-Clément

❷ 奥比昂使命酒庄
Château La Mission Haut-Brion

❺

❸ 拉图–奥比昂酒庄
Château La Tour Haut-Brion

❹

拉维–奥比昂酒庄
Château Laville Haut-Brion

A62

N10

N113

A62

D651

D125e1

D109

❻ 古汉斯酒庄
Château Couhins

❼ 古汉斯–卢顿酒庄
Château Couhins-Lurton

❾ 奥莉维酒庄
Château Olivier

❽ 卡伯涅酒庄
Château Carbonnieux

❿ 波诗歌酒庄
Château Bouscaut

⓫ 奥巴伊酒庄
Château Haut-Bailly

⓬ 史密斯·奥·拉菲酒庄
Château Smith Haut Lafitte

D214

D109

D111e4

⓮ 骑士庄园
Domaine de Chevalier

⓭ 马拉迪–拉卡维酒庄
Château Malartic Lagraviere

⓯ 飞泽酒庄
Château de Fieuzal

⓰
拉图–马蒂亚克酒庄
Château Latour Martillac

D651

D111

Map P.217 ⑩

Château Bouscaut

波诗歌酒庄

（正标）

（副标）

　　格拉夫地区较著名的酒庄之一，座落于加龙河畔（Garrone）的卡朵雅克村（Cadaujac），17世纪的古堡曾经风光一段岁月，也曾经因疏于照料，凋零过很长的一段时间，一直到1968年，美国财团Charles Wohlstetter买下后，重新改装、整修，让它重见些许昔日模样；但在1980年美国财团又将此庄园售予玛歌区的知名酒庄杜夫-维旺（Durfort-Vivens）与布兰尼-康蒂（Brane-Cantenac）的主人勒顿（Lucien Lurton），酒庄主人重建了许多设备，包含酒窖、酿酒及葡萄园区；直到1997年，酒庄再度恢复昔日的光芒。

　　酒庄的葡萄园土质属于砂砾石灰岩土，是个天然良好的排水土质，非常有利葡萄的生长条件。酒庄也是少数红、白葡萄酒同时生产，也同时被列为级数酒的酒庄。

基本资料

法定产区	格拉夫 Graves Pessac-Léognan
分级	特别级（1953年）Grand Cru Classe
葡萄园面积	50公顷（其中6公顷为白葡萄）
葡萄树龄	30年
年生产量	红酒：10000箱×12瓶 白酒：2000箱×12瓶（包含副标酒）
土质	石灰岩为基础沙砾层士及黏沙土本
葡萄品种	红酒：55% 美乐／40%赤霞珠／5%马贝克 白酒：50%赛蜜蓉／50%长相思
酿造方法	采用波尔多传统方式，再按葡萄品种不同储存于橡木桶中12～18个月不等，红、白酒皆每年更换50%的全新橡木桶。
副标	1. Lamothe Bouscaut 2. La Flamme de Bouscaut

品尝注解	红酒：中等酒体，平顺、柔和、高雅、易入口。 白酒：为良好的结构体，拥有多重果香及橡木桶气息，十分顺口。
知 名 度	中
较佳年份	从1999年起一直到2009年，虽然没有特别杰出的表现，但其酒质尚称稳定。
出口价格	红酒：€12～€15；白酒：€16～€20
储存潜力	红酒：10～15年；白酒：8～10年
价　　格	合理稳定性的价格，可算是全产区中最物超所值的顶级酒。
整体评价	★★☆

Map P.217 **8**

卡伯涅酒庄

Château Carbonnieux

（白酒正标）

（红酒正标）

根据记载，卡伯涅酒庄的历史可回溯到公元12世纪，而后中断了相当长的一段时间，直到18世纪，在波尔多圣十字教（Sainte-Croix Abbey）修道院的僧侣们重新修建及重新栽种葡萄园，才恢复了它原来的面貌；1956年，Marc Perrin买下这座庄园，再次重新整建，目前由他的儿子Antony Perrin接管。

本酒庄较为著名的是白酒，而这些白酒来自酒庄广大的白葡萄园，且大部分是长相思品种，也是少数白葡萄酒被归入列级酒的酒庄；至于此酒庄的红葡萄酒在前些年并不出色，甚至显得有些粗俗、平凡，但经过最近几年的努力，也得到了成果，红酒品质达到一定的水准。

基本资料

法定产区	格拉夫 Graves Pessac–Léognan
分级	特别级（1953年） Grand Cru Classe
葡萄园面积	红葡萄45公顷、白葡萄42公顷
葡萄树龄	红葡萄平均25年、白葡萄平均30年
年生产量	红酒：25000箱×12瓶 白酒：20000箱×12瓶（包含副标酒）
土质	斜坡深层砂砾土
葡萄品种	红酒：60%赤霞珠／30%美乐／ 8%品丽珠／1%马贝克／1%味而多 白酒：65%长相思／34%赛蜜蓉／1%密思卡岱
酿造方法	采用波尔多传统方式，红酒储存于橡木桶中18个月，每年更换30%的全新橡木桶；白酒储存于橡木桶中10个月，每年更换30%的全新橡木桶。
副标	La Tour Léognan

品尝注解	红酒：高等酒体，丰富、有多种果香。 白酒：中高酒体，较深沉厚实、散发多重气息。
知名度	中
较佳年份	从1995年起一直到2009年其酒质尚称稳定。
出口价格	红酒：€16～€18；白酒：€20～€25
储存潜力	红酒：12～20年；白酒：6～10年
价格	红酒价格尚稳定合理，白酒较高些，但酒质不错，物有所值。
整体评价	★★☆

Map P.217 **6**

古汉斯酒庄
Château Couhins

Château COUHINS
CRU CLASSÉ DE GRAVES
PESSAC-LÉOGNAN
2001
PRESTIGE
Vin en Bouteille au Château

12.5% vol.   750 ml

（正标）

　　座落在佩萨克-雷奥良的Villlenave d'Ornon村的古汉斯酒庄，靠近加龙河（Garonne），有着令人好奇的情况，原本与古汉斯-卢顿（Couhins-Lurton）酒庄是同一家，也是在格拉夫产区唯一仅有白酒被评为分级酒的（红酒并未被评为分级酒）。

　　Ghsqueton及Hanappier家族拥有此酒庄相当长久的时间，但却在1968年被法国国家农业研究组织（Institutnational de La Recherche Agrdnomique，简称INRA）所买下；1992年又被Andre Lurton向INRA买回。酒庄虽然生产优质白酒，但因产量不多，因此在市面上也较不容易看到。

基本资料

法定产区	格拉夫　Graves Pessac–Léognan
分级	特别级（1953年）白酒　Grand Cru Classe（White）
葡萄园面积	白葡萄 4公顷、红葡萄11公顷
葡萄树龄	平均20年
年生产量	白酒1800～2000箱×12瓶、红酒8000～9000箱×12瓶
土质	砂砾石层土
葡萄品种	红葡萄：50%赤霞珠／40% 美乐／10%品丽珠
	白葡萄：80%长相思／20%赛蜜蓉
酿造方法	采用波尔多传统方式酿造，但不经过橡木桶储存，以达清新、爽口。
副标	N/A

品尝注解｜N/A，只有白酒列入分级酒。
知 名 度｜低
较佳年份｜N/A
出口价格｜2008年第一次在预购市场看到令人惊讶的超低价。
储存潜力｜N/A
价　　格｜红酒：€9.6；白酒：€12.5
整体评价｜N/A

Map P.217 **7**

古汉斯-卢顿酒庄

Château Couhins-Lurton

（正标）

古汉斯-卢顿酒庄是Andre Lurton于1967年向Gasqueton 及Hanappier家族买下古汉斯酒庄的一半，也就在法国国 家农业研究组织（INRA）买下另一半庄园的前一年。虽 然庄园被分割成两部分，但在20世纪70年代间，所有的酿 造储存、装瓶等过程，仍然统一在古汉斯酒庄完成。这半 部分庄园比较特别的是，整个葡萄园百分之百栽种长相思 （Semilion）的葡萄品种，此品种所结的果实量较低，也 比较不稳定，但却较为细致及有个性。

Lurton家族本身除酿酒外，也是酒类出口商，因此此 家族所生产的酒，可能均是通过自己的销售渠道销售，因 此在预售市场上，未曾发现此酒庄列在名单上。

基本资料

法定产区	格拉夫 Graves Pessac-Léognan
分级	特别级（1953年） 白酒 Grand Cru Classe（white）
葡萄园面积	红葡萄23公顷、白葡萄6公顷
葡萄树龄	平均20年
年生产量	3000箱×12瓶
土质	砂砾石层土、黏土
葡萄品种	100% 长相思
酿造方法	采用波尔多传统方式酿造，并采用低温发酵法约16℃，储存于橡木桶中10个月，每年更换100%的全新橡木桶。
副标	Château Cantebau

品尝注解	中高酒体，淡黄色泽、丰满、细致、多种果香。
知名度	中低
较佳年份	1980年以来酒质都维持一定水准。
出口价格	尚未在预购市场中看到价格。
储存潜力	6~10年
价格	N/A
整体评价	★★

Map P.217 **15**

飞泽酒庄

Château de Fieuzal

（正标）

酒庄以其家族名称为名，家族因为爱酒及精于葡萄酒的生产酿造，因此拥有此酒庄超过三百年的历史。酒庄的葡萄园区涵盖了佩萨克-雷奥良最好的上升砂砾土贫乏的土质，良好的天然排水，非常有利于葡萄的生长。最近几年来，在品质上有着显著进步，因此常被品酒行家们拿来讨论，白葡萄以前并不出色，也不列入分级酒行列，但这些年来的改变，也让酒质有着长足的进步。

一直到1851年才易手，其间又多次的转手，而后由里卡尔家族（Ricard）接手，直到1974年卖给了财团，最后于2001年爱尔兰商人Lochlann Quinn 成为了庄园的新主人。

基本资料

法定产区	格拉夫 Graves Pessac–Léognan
分级	特别级（1953年）Grand Cru Classe
葡萄园面积	48公顷（包含白葡萄）
葡萄树龄	平均30年
年生产量	红酒：10000箱×12瓶
	白酒：2000箱×12瓶
土质	沙土、砂砾层土
葡萄品种	红酒：60% 赤霞珠／33%美乐／
	4.5%品丽珠／2.5%味而多
	白酒：50%长相思／50%赛蜜蓉
酿造方法	采用波尔多传统方式，再按葡萄品种的不同分别，储存于橡木桶中12个月，每年更换30%的全新橡木桶。
副标	L'Abeille de Fieuzal

品尝注解	红酒：中高之酒体，深紫红色、平顺、柔美、易入口。
	白酒：中等之酒体，淡黄色泽、清新爽口、果香佳。
知 名 度	中低
较佳年份	从1990年起一直到2009年，其酒质尚称稳定，但不出色。
出口价格	红酒：€20～€25；白酒：€20～€28
储存潜力	红酒：10～20年；白酒：8～12年
价　　格	以其知名度、历史及酒质，价格还算适中。
整体评价	★★

Map P.217 14

骑士庄园
Domaine de Chevalier

（正标）

　　酒庄座落在雷奥良（Léognan），也就是格拉夫首府的所在地，酒庄有着悠久历史，在18世纪之前，酒庄名称为"Chibaley"，这与现在名称"Chevalier"的意思一样，译成中文就是"骑士"，这是当年在法国南部卡斯康省（Gascon）对骑士的另一种称呼。1865年到1983年期间，酒庄为里卡尔家族（Richard Family）所拥有，在这近130年的期间，整个家族不辞辛劳地全力打造一个完美优质的酒庄；他们的辛苦没有白费，也获得了应有的回报，让酒庄拥有了相当好的声誉，并被公认为是本区最优质的酒庄之一。但里卡尔迫不得已出售给现在的主人贝尔纳家族（Bernard Family），红酒品质虽被认为没有特别出色，有多重复杂气息，但其实也相当优秀；而白酒却十分不同，虽然生产量少，却被认定为世界上杰出的白酒之一。

基本资料

法定产区	格拉夫 Graves Pessac–Léognan
分级	特别级（1953年） Grand Cru Classe
葡萄园面积	红葡萄33公顷、白葡萄4.5公顷
葡萄树龄	平均25年
年生产量	红酒：8500箱×12瓶
	白酒：1500箱×12瓶（不包含副标酒）
土质	良好排水之砂砾层土
葡萄品种	红酒：65%赤霞珠／30%美乐／ 3%味而多／2%品丽珠 白酒：70%长相思／33%赛蜜蓉
酿造方法	采用波尔多传统方式，红酒储存于橡木桶中21个月， 每年更换50%的全新橡木桶，白酒储存于橡木桶中 18个月，每年更换30%的全新橡木桶。
副标	L'Esprit de Chevalier

品尝注解	红酒：饱满之酒体，深暗红色泽、良好的结构体，有多重复杂气息，需时 间陈年。 白酒：高丰富结构体，深沉如香水般，有多重复杂气息，需时间陈年。
知名度	中
较佳年份	从1990年起一直到2009年其酒质尚称稳定，2008年后酒质更佳。
出口价格	红酒：€20～€50；白酒：€40～€60
储存潜力	红酒：15～25年；白酒：10～15年
价　　格	优质酒庄，价格虽偏高些，但尚在合理范围内；白酒产量不多，很难找到 平衡点。
整体评价	★★★

Map P.217 **11** 奥巴伊酒庄

Château Haut-Bailly

（正标）

　　奥巴伊酒已被认定为本产区最好的酒庄，只排在克莱门教皇（Pape-Clément）酒庄之后，与骑士庄园Chevalier是旗鼓相当的竞争对手。1998年原主人桑德尔（Sanders）家族将它售予现在的主人Robert Wilmers；维尔默斯（Wilmers）是一位美国水牛城的银行家，奥巴伊酒庄也是此产区唯一被美国人拥有的酒庄，虽然如此，但桑德尔家族仍然掌管整个酒庄的生产事宜。

　　土质是砂砾土及小卵石混合砂土、黏土及化石，相当特别，酒的色泽稍微淡些，但细致、丰富及协调性更胜于本产区其他酒庄的酒，十分富有潜力。但可惜的是本区的酒庄均采用预购式的销售，且仅销售至法国及周边的国家，如瑞士、比利时等，因此其他国家的消费者无缘品尝到此佳酿，但现在亚洲地区的消费者均有机会购得。

基本资料

法定产区	格拉夫 Graves Pessac-Léognan
分级	特别级（1953年） Grand Cru Classe
葡萄园面积	28公顷
葡萄树龄	平均35年
年生产量	12500箱×12瓶（包含副标酒）
土质	沙土及砂砾层土
葡萄品种	65%赤霞珠／25%美乐／ 10%品丽珠
酿造方法	采用波尔多传统方式，再按不同葡萄品种储存于橡木桶 中14～18个月，每年更换30%的全新橡木桶。
副标	Le Parde de Haut-Bailly

品尝注解	中高酒体，深宝石红色泽、细致、柔美、 平顺、香气佳，平衡协调性佳。
知名度	中
较佳年份	从1990年起一直到2005年其酒质均稳定， 之后年份更佳。
出口价格	€30～€35，2009年预购价为€90。
储存潜力	红酒：12～20年
价格	优质酒庄，价格稍高，但还可以接受。
整体评价	★★★

Map P.217 ❶

奥比昂酒庄
Château Haut-Brion

（正标）

（副标）

　　波尔多五个最知名的酒庄之一，同时在1855年与其他三家——拉图（Latour）、拉斐（Lafite）、玛歌（Margaux），并列为分级一级酒庄。上述三个酒庄均在梅多克产区，只有奥比昂位于格拉夫，也是当年格拉夫唯一的一家分级酒庄。16世纪至今已有500年的悠久历史，也有着错综复杂的历史故事，经过多次易手。被评鉴之前，庄园由拉里厄（Egene Larrieu）所拥有，1935年由美国的银行家克拉伦斯·狄龙（Larence Dillon）买下，1979年由其孙女Joan接管，2001年Joan的儿子——卢森堡王子Robert被任命为总经理，其酿酒师戴尔玛（Delmas）家族从1921年起，就为酒庄服务至今，现已传到第三代的Jean-Philippe；戴尔玛于1960年突破波尔多流传千年的传统大木桶发酵法，改采用先进的不锈钢大桶发酵，当时引起业界十分大的震撼，以及一片讨伐之声，但现在大部分的顶级分级酒庄均采用此法酿造。

基本资料

法定产区	格拉夫 Graves Pessac–Léognan
分级	一级（1855年） 1er Grand Cru Classe
葡萄园面积	红葡萄43公顷、白葡萄 3公顷
葡萄树龄	平均40年
年生产量	14000～18000箱×12瓶
土质	砂砾石层土
葡萄品种	红葡萄：55%赤霞珠／25%美乐／20%品丽珠
	白葡萄：50%赛蜜蓉／50%长相思
酿造方法	采用波尔多传统方式酿造，再按不同葡萄品种分别储存于橡木桶中18～24个月，每年更换100%的全新橡木桶。
副标 2006	Le Bahans du Château Haut–Brion
	2007 Le Clarence de Haut–Brion
副标年产量	800箱×12瓶

品尝注解	中高之酒体，协调性佳（Harmony），艳红色泽、丰富、圆润、柔美、多种复杂气息。
知名度	高
较佳年份	1980年到1995年间酒质平稳，具一定水准；1996年之后更往前迈进了一大步。
出口价格	€250～€600↑ 2010年预购价为€660
储存潜力	20～35年
价　格	超高，几个特别年份更高；因为是一级酒庄，所以成为许多酒迷的追逐目标。
整体评价	★★★★

Map P.217 ❷

奥比昂使命酒庄
Château La Mission Haut-Brion

（正标）

（副标）

酒庄在1983年之前为沃纳（Wolter）家族所拥有，因为继承的问题无法解决，故其家人不得不将庄园出售，毋庸置疑，它的邻居——知名的一级酒庄奥比昂（Château Haut-Brion），也就成为最好的买家，接手了这个知名酒庄。狄龙家族花重金买下后，派自己的酿酒师戴尔玛全面接管酒庄。1987年酒庄将波尔多传统式大木桶改换成新式大不锈钢桶来取代发酵过程。葡萄园的地质是非常深层的砂砾石土质，可减少葡萄结成果实的产量，让葡萄得到最佳的浓度及风味。

其他相关酒庄：

1. Château Haut-Brion

2. Château Laville Haut-Brion

3. Château La Tour Haut-Brion

基本资料

法定产区	格拉夫　Graves Pessac–Léognan
分级	特别级（1953年）Grand Cru Classe
葡萄园面积	21公顷
葡萄树龄	平均 24年
年生产量	6000～8000箱×12瓶
土质	深层砂砾石层土
葡萄品种	48%赤霞珠／45%美乐／ 7%品丽珠
酿造方法	采用波尔多传统方式酿造（1987年之后改用不锈钢桶）， 再按各种不同葡萄品种分别储存于橡木桶中18～20个月， 每年更换100%的全新橡木桶。
副标	La Chapelle de La Mission （1991）
副标年产量	1000箱×12瓶

品尝注解	高酒体，深红色泽、饱满、厚实、深沉， 需更多时间成熟。
知名度	中高
较佳年份	1980～1995年酒质平稳； 1996年之后进步至非常优秀。
出口价格	€100～€300↑ 2009年预购价为€540
储存潜力	15～35年
价格	一级酒庄，价格居高不下。
整体评价	★★★

Map P.217 ❸

拉图－奥比昂酒庄

Château La Tour Haut-Brion

（正标）

拉图-奥比昂酒庄是个小规模的庄园，于1933年被沃纳（Wolner）兄弟买下，酒庄与原有的奥比昂使命（La Mission）相邻，因此从那个时期开始，包括了酿造、储存、装瓶等，均由奥比昂使命完成，故大部分的人都视此酒庄的酒为奥比昂使命的副标酒。1983年狄龙（Dillon）家族买下此庄园后，才将两个酒庄真正划分开来，恢复它原来所被评定的分级酒庄所应有的权利。同样也是由狄龙家族的酿酒师戴尔玛（Delmas）来操刀，品质均可维持一定水准。2005年，该酒庄并入奥比昂使命酒庄，从此停产。

其他相关酒庄：

1．Château Haut-Brion

2．Château Laville Haut-Brion

3．Château La Mission Haut-Brion

基本资料

法定产区	格拉夫 Graves Pessac–Léognan
分级	特别级（1953年） Grand Cru Classe
葡萄园面积	4.9公顷
葡萄树龄	平均26年
年生产量	2000～2500箱×12瓶
土质	砂砾石层土
葡萄品种	42%赤霞珠 / 35%品丽珠 / 23%美乐
酿造方法	采用波尔多传统方式酿造，再按各种不同葡萄品种分别储存于橡木桶中18～20个月，每年更换5%的全新橡木桶。
副标	N/A

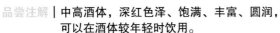

品尝注解	中高酒体，深红色泽、饱满、丰富、圆润，可以在酒体较年轻时饮用。
知名度	中低
较佳年份	1985年以后酒质基本上维持一定水准，1996年之后有更长足的进步。
出口价格	红酒：€30～€40；白酒：€40～€50
储存潜力	15～25年
价格	小庄园，生产量也不多，酒质也不错，又有一级庄园的操作，价格算实惠。
整体评价	★★☆

Map P.217 **16**

拉图－马蒂亚克酒庄

Château La Tour Martillac

（正标）

　　酒庄的名称来自12世纪当时堡垒要塞塔的名称，座落于马蒂亚克村（Martillac），1929年克雷斯曼（Alfre Kressman）买下这座古堡，并立即更改酒庄名称，在原名称上加了"Martillac"，以避免与梅多克著名的酒庄拉图（Latour）同名，这同时也开启了葡萄酒的事业，并于1953年评定为分级酒庄。园区里有10公顷的地是放牧场，畜养了许多的牛，而这些牛的粪便就是最好的肥料，提供葡萄园的养分。

　　酒庄的标签于1934年修改，金色斜角流沙般的设计，十分具有特色，在当年也算是大胆创新，令人印象深刻。为了让酒庄的品质更进步，酒庄也在1989年更新酒窖。基本上来说，酒庄所酿造的红、白葡萄酒均已达到了分级酒庄之标准。

基本资料

法定产区	格拉夫 Graves Pessac–Léognan
分级	特别级（1953年）Grand Cru Classe
葡萄园面积	44公顷（包含白葡萄）
葡萄树龄	平均25年
年生产量	红酒 15000箱×12瓶
	白酒 3000箱×12瓶（包含副标酒）
土质	比利牛斯山底层砂砾土
葡萄品种	红葡萄：60%赤霞珠／35%美乐／5%味而多
	白葡萄：55%赛蜜蓉／4%长相思／5%密思卡岱
酿造方法	采用波尔多传统方式，红酒储存于橡木桶中16～20个月，每年更换50%的全新橡木桶；白酒储存于橡木桶中15个月，每年更换50%的全新橡木桶。
副标	Lagrave Martillac

品尝注解	红酒：中高酒体，深红色泽、高雅、柔美、平顺、果香、余韵佳。 白酒：中高酒体，淡黄色泽，充满清新的果香，有传统特色。
知 名 度	中
较佳年份	从1990年起一直到2009年酒质尚称稳定。
出口价格	€15～€20红白酒价格相当。
储存潜力	红酒：10～20年；白酒：8～12年
价　　格	近几年来，各方评价均佳，价格稳定适中，物有所值。
整体评价	★★☆

Map P.217 **4**

拉维－奥比昂酒庄

Château Laville Haut-Brion

（正标）

　　拉维-奥比昂酒庄为知名的酒庄，于1953年被评为特别级酒庄，规模算是小型酒庄，葡萄园面积只有3.7公顷，只生产白葡萄酒，小而美，品质精致而优秀。此酒庄是没有古堡建筑物的酒庄，因此称之为"Château with no Château"，其历史跟随着另一知名酒庄奥比昂使命（La Mission-Haut Brion）酒庄——包括酿造、储存、装瓶等，因此常常被认为是奥比昂使命所生产的白酒。园区的土质较其他庄园肥沃，砂砾石较少些，因此生产较丰富的酒质，可以陈年相当长的时间，且在1985年之后，酿酒师决定将酒在橡木桶内储存更长的时间，让它成熟。

其他相关酒庄：

1. 奥比昂酒庄（Château Haut-Brion）

2. 奥比昂使命酒庄（Château La Mission Haut-Brion）

3. 拉图-奥比昂酒庄（Château La Tour Haut-Brion）

格拉夫产区

基本资料

法定产区	格拉夫 Graves Pessac–Léognan
分级	特别级（1953年）白酒 Grand Cru Classe（White）
葡萄园面积	3.7公顷
葡萄树龄	平均53年
年生产量	900～1100箱×12瓶
土质	砂砾石层土
葡萄品种	70%赛蜜蓉／27%长相思／3%密思卡岱
酿造方法	采用波尔多传统方式酿造，再按各种不同葡萄品种分别储存于橡木桶中12个月，每年更换100%的全新橡木桶。
副标	N/A

品尝注解｜中高（只生产白酒），淡黄色泽、柔美、丰满、细致、蜂蜜香及多种果香。

知 名 度｜中

较佳年份｜1985年之后酒质均维持相当高水准，可算是波尔多的优质白酒之一。

出口价格｜白酒：€200～€300

储存潜力｜10～15年

价　　格｜打着Haut Brion的招牌一齐生产，产量稀少，物以稀为贵，价格自然不菲。

整体评价｜★★☆

Map P.217 **13**

马拉迪-拉卡维酒庄

Château Malartic-Lagravière

（正标）

酒庄座落在佩萨克中心的东南方，几世纪以来，美丽的酒庄有其一定的知名度，英法战争期间，特别是在1756年的魁北克（Quebec）战役中，当年著名的海军将领马拉迪（Hippolyte de Maures de Malartic）有着英勇的战功，留下了历史的见证，而后解甲归来，成为庄园主人后，把家族姓氏与土地结合在一起，成为酒庄的新名称。自从1850年卡尔夫人（Madame Arnaud Richard）买下了庄园以来，酒庄都是在同一个家族手中经营，但在1990年卖给了著名的法国香槟酿造公司Laurent-Perrier，到了1997年再度易手给现在的主人波尼（Alfred Alexander bonnie）；从那时起才开始费尽心思，大量投资于更新设施及葡萄园的重整。

基本资料

法定产区	格拉夫 Graves Pessac-Léognan
分级	特别级（1953年）Grand Cru Classe
葡萄园面积	红葡萄53公顷（46公顷红葡萄，7公顷白葡萄）
葡萄树龄	红葡萄平均30年，白葡萄平均20年
年生产量	红酒15000箱×12瓶，白酒3000箱×12瓶（包含副标酒）
土质	黏土底土上砂砾
葡萄品种	红葡萄：50%赤霞珠／40%美乐／10%品丽珠 白葡萄：80%长相思／20%赛蜜蓉
酿造方法	采用波尔多传统方式，红酒储存于橡木桶中15～20个月，每年更换50%～70%的全新橡木桶；白酒储存于橡木桶中10～12个月，每年更换50%～70%的全新橡木桶。
副标	Le Sillage de Malatic

品尝注解 | 红酒：中等酒质，丰富、柔美、平顺、果香佳，易入口。
白酒：中高之酒体，浅黄色泽，清新亮丽，有着迷人的
果香。

知 名 度 | 中低

较佳年份 | 从1985年一直到2009年酒质均稳定，这些年有长足的
进步。

出口价格 | 红酒：€20～€36；白酒：€30～€46

储存潜力 | 红酒：10～20年；白酒：8～12年

价　　格 | 近几年有所进步，价格稳定持续上升，但尚在可接受范
围内。

整体评价 | ★ ★ ☆

Map P.217 ❾

奥莉维酒庄

Château Olivier

（正标）

　　12世纪时酒庄就被列入国家地标，中世纪的古堡及庄园座落在美景天成的雷奥良（Léognan），有着220公顷的大庄园，但只有52公顷种植葡萄。单一的大片园区位于面向南边的上升砂砾石土质。1980年之前，约有70年的时间，整个酒庄都由酒商Eschenauer支撑着，之后贝斯曼（Bethmann）家族取回了经营权，自己管理，但销售方面仍继续由Eschenauer操作。1970年之后庄园彻底整建，加强红葡萄的栽种，同时选择了园区最适合的土质，以确保品质。

基本资料

法定产区	格拉夫　Graves Pessac–Léognan
分级	特别级（1953年）Grand Cru Classe
葡萄园面积	红葡萄39公顷，白葡萄13公顷
葡萄树龄	平均35年
年生产量	红酒16000箱×12瓶 白酒8000箱×12瓶（含副标酒）
土质	砂砾石、黏土、石灰石
葡萄品种	红葡萄：50%赤霞珠／40%美乐／ 10%品丽珠 白葡萄：50%长相思／45%赛蜜蓉／5%密思卡岱
酿造方法	采用波尔多传统方式酿造，再按各种不同葡萄品种分别储存 于橡木桶中18个月；白酒用全新橡木桶储存10个月。
副标	La Seigneurerie d'Olivier

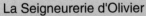

品尝注解	红酒：中高酒体，丰富、平顺、柔美，可在酒体年轻时饮用。 白酒：中高酒体，柔美、多重复杂气息。
知 名 度	中
较佳年份	1995年之前的酒质较平凡，之后慢慢提升，维持一定水准。
出口价格	€14～€18，红白酒价格相当。
储存潜力	红酒：10～20年；白酒：8～10年
价　　格	虽没有特别杰出的表现，但价格稳定实惠。
整体评价	★★

Map P.217 ⑤

克莱门教皇酒庄

Château Pape-Clément

（正标）

（副标）

　　Pape，法文意思为教皇，也就是英文的"Pope"，因此大多数人称它为"教皇酒庄"。酒庄座落在格拉夫的佩萨克（Pessac），由当时的教皇建园于14世纪初期，已有700年的悠久历史，可算波尔多最古老的庄园之一。经历了法国大革命及葡萄虱虫害等天灾人祸，教皇已几乎失去整个庄园，部分的庄园也变成公共用地，1858年波尔多酒商Jean Baptiste Clerc买下了庄园后，重新整建，栽种整个庄园，让酒庄恢复了以往的光芒，品质也得到肯定，并在1878年的世界展览中获得农业部颁发的大奖。接手的主人Cinto，也为庄园付出了很多的心血。不幸的是，在1937年的强烈冰雹下，所有的葡萄园区被摧毁殆尽，两年后由Paul Montagne买下庄园，重新整建，让酒庄再度展现生机，现在由其子孙Leo Montagne及Bernard Magrez共同管理。

其他相关葡萄酒：

1. Le Clément du Château Pape Clément（Pessac Leognan）

2. Le Prelet du Château Pape Clément（Pessac Leognan）

基本资料

法定产区	格拉夫 Graves Pessac-Léognan
分级	特别级（1953年） Grand Cru Classe
葡萄园面积	红葡萄 30公顷，白葡萄 2.5公顷
葡萄树龄	平均30年
年生产量	红酒6000箱×12瓶，白酒1000箱×12瓶
土质	加龙河砂砾石／黏土、砂土
葡萄品种	红葡萄：60%赤霞珠／40%美乐
	白葡萄：45%长相思／45%赛蜜蓉／10%密思卡岱
酿造方法	采用波尔多传统方式酿造，红酒于橡木桶中储存18～22个月，每年更新100%的全新橡木桶；白酒于橡木桶中储存11个月，每年更新100%的全新橡木桶。
副标	Le Clémentin du Pape Clément

品尝注解	红酒：中高之酒体，深红色泽、饱满、圆润、烟草香余韵佳。
	白酒：中高之酒体，淡草黄色泽，新鲜、爽口、多重气息。
知名度	中高
较佳年份	1985年之后酒质趋于稳定，1996年之后酒质达到相当高的水准，2000年之后迈入新的里程。
出口价格	白酒：€95～€120；红酒€60～€95
储存潜力	红酒：15～25年；白酒：8～10年
价格	知名的历史性庄园，这些年酒质有杰出表现，价格也节节上升，白酒生产量少，常常奇货可居。
整体评价	★★★

Map P.217 **12**

史密斯·奥·拉斐酒庄

Château Smith Haut Lafitte

（正标）

由博斯克（Bosq）贵族创园于1365年，18世纪时由苏格兰的航海人George Smith买下了这座庄园，并在庄园名称前加上"Smith"，同时也完成了古堡的建筑物，并用自己的船只将酒载运到英国去销售。1842年，由波尔多市长Duffour-Dubergier（同时也是个相当热衷葡萄酒的人）购得此庄园，并加以发扬，成就了日后的知名酒庄。20世纪的初期，著名酒商Louis Eschenauer为酒庄做销售工作，到了1958年，Eschenauer决定买下酒庄，并以巨资重建地下储酒窖，此酒窖可容纳超过2000个储酒木桶。

1990年Danial Cathiard爱上这座庄园，因而买下酒庄，成为目前的庄园主人，之后整建古堡建筑，并扩展了葡萄园的种植面积。酒庄回归到完全采用自然的传统方式栽种，不用化学除草剂，也建立自己拥有的自制橡木桶。

相关的酒庄：Château Cantelys

格
拉
夫
产
区

基本资料

法定产区	格拉夫　Graves Pessac–Léognan
分级	特别级（1953年）　Grand Cru Classe
葡萄园面积	红葡萄 56公顷，白葡萄 10公顷
葡萄树龄	平均32年（红、白相同）
年生产量	红酒10000箱×12瓶，白酒3000箱×12瓶
土质	砂砾石层
葡萄品种	红葡萄：55%赤霞珠 ／35%美乐／ 10%品丽珠 白葡萄：90%长相思／5%赛蜜蓉
酿造方法	采用波尔多传统方式酿造，再按各种葡萄品种不同分别 储存于橡木桶中18个月，每年更新80%的全新橡木桶。
副标	Les Hauts de Smith （红、白酒皆有）

品尝注解	红酒：中高之酒体，丰富、柔和的单宁，平衡协调性佳。 白酒：中高之酒体，丰富的果香及香草香，顺口。
知名度	中
较佳年份	1995年之后的年份较稳定，2005年之后进入新纪元。
出口价格	红酒：€30～€60；白酒：€40～€60
储存潜力	红酒：15～20年；白酒：8～12年
价　格	这几年红、白酒的酒质均提升，但价格也在持续上涨。
整体评价	★★☆

PART 5 产区巡礼

Saint- Émilion

以波尔多市区为中心点，圣埃米利永产区是位于波尔多右岸较远东方的产区，是波尔多第二知名的法定产区，一般人都称之为"波尔多右岸产区"，但严格来说应该是指多尔多涅河（La Dordogne）的右岸产区，一般统称为两河之间"Entre-Deux-Mers"，是波尔多最大的产区，生产一般波尔多 A.O.C。

圣埃米利永产区的庄园数接近 1200 家，葡萄园面积约五千多公顷，栽种的葡萄品种以美乐（Merlot）为主，品丽珠（Cabernet Franc）次之，而赤霞珠（Cabernet Sauvignon）产量非常少，在这里只能当配角。

梅多克产区（Médoc）分级评鉴后的一百年，也就是在 1954 年，圣埃米利永产区的协会才开始了该区庄园的评鉴，将级数分为三级：第一级为 Premier Grand Cru Classe，但在第一级中又分为 A 与 B；第二级（特别级）为 Grand Cru Classe；第三级为 Grand Cru，与梅多克地区的 Cru Bourgeois 类似，姑且称之为准特别、中上级或明日之星级。以上分级酒庄名单，每十年会再重新评鉴，最新一次在 2006 年完成，有些酒庄升级，也有些被淘汰。

圣埃米利永产区的地理环境与土质较为复杂，山丘、斜坡、平地皆有，酒庄大多数属于中小型。为数众多的酒庄，竞争十分激烈，为了酿出符合所谓酒评书及媒体喜好的口味，有些庄园甚至不惜改变传统的酿造方式，但没有历史及传统文化的支撑，酒庄又有何价值可言呢！

①歌本–米修特酒庄 Château Corbin Michotte
②歌本酒庄 Château Corbin
③上歌本酒庄 Château Haut-Corbin
④大歌本酒庄 Château Grand-Corbin
⑤多米尼克酒庄 Château La Dominique
⑥白马酒庄 Château Cheval Blanc
⑦黑柏酒庄 Château Ripeau
⑧飞卓之塔酒庄 Château La Tour-Figeac
⑨肖万酒庄 Château Chauvin
⑩飞卓酒庄 Château Figeac
⑪达索酒庄 Château Dassault
⑫卡蒂–木兰酒庄 Château Cap de Mourlin
⑬洛拉图庄园 Château Clos de L'Oratoire
⑭拉曼地酒庄 Château Larmande
⑮风霍格酒庄 Château Fonroque
⑯美阁酒庄 Château Laniote
⑰雅各宾修道院酒庄 Château Couvent des Jacobins
⑱拉罗兹酒庄 Château Laroze
⑲苏达酒庄 Château Soutard
⑳美嘉蒂酒庄 Château Cadet-Bon
㉑嘉蒂–皮拉酒庄 Château Cadet-Piola
㉒大庞特酒庄 Château Grand-Pontet
㉓弗兰克–梅恩酒庄 Château Franc-Mayne
㉔大梅恩酒庄 Château Grand Mayne
㉕拉罗克酒庄 Château Laroque
㉖上萨博酒庄 Château Haut-Sarpe
㉗贝莱–杜艾酒庄 Château Balestard La-Tonnelle
㉘古斯伯德酒庄 Château La Couspaude
㉙富尔泰酒庄 Château Clos Fourtet
㉚圣马丁酒庄 Clos Saint-Martin
㉛宝世珠–比高酒庄 Château Beau-Sejour Becot
㉜老托特酒庄 Château Trottevieille
㉝雅各宾庄园 Château Clos Des Jacobins

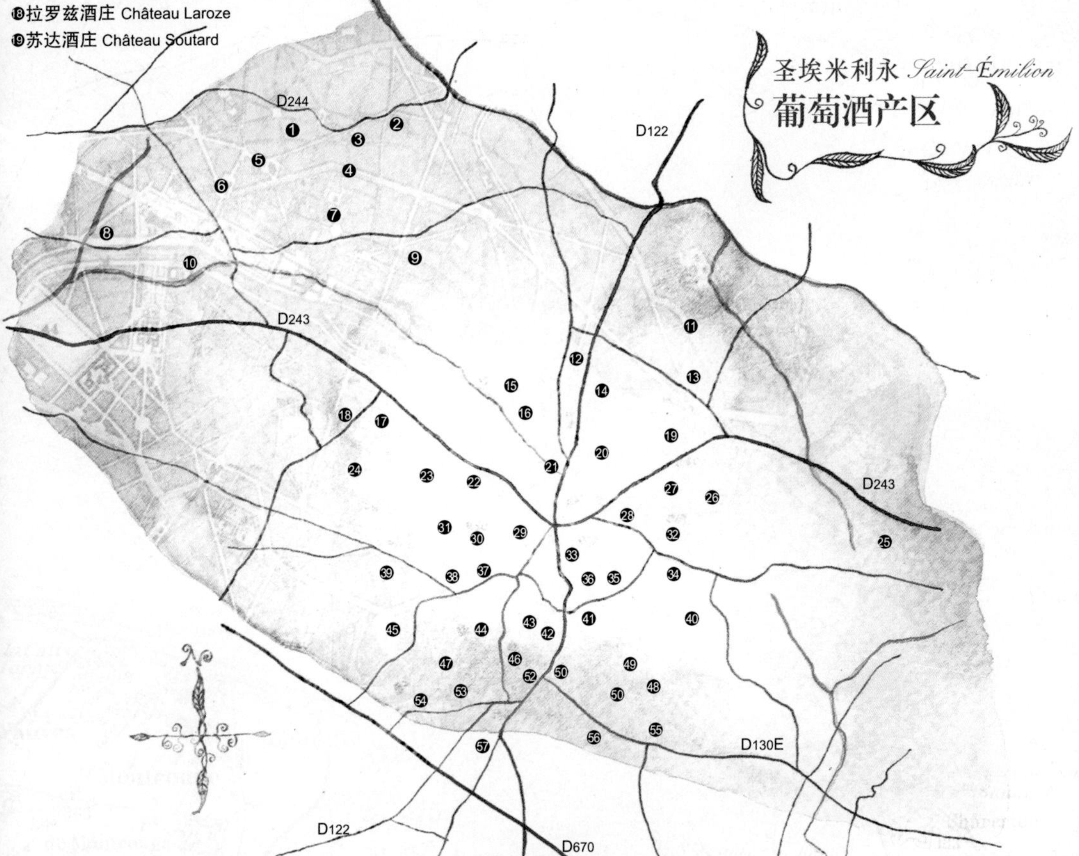

㉞皮欧酒庄 Château Le Prieure
㉟贝卡酒庄 Château Bergat
㊱塞尔酒庄 Château La Serre
㊲加农酒庄 Château Canon
㊳宝世珠–杜夫酒庄 Château Beau-Sejour
㊴金钟酒庄 Château Angelus
㊵特龙–蒙度酒庄 Château Troplong-Mondot
㊶拉克洛特酒庄 Château La Clotte
㊷大墙酒庄 Château Les Grandes Murailles
㊸奥松酒庄 Château Ausone
㊹倍力凯酒庄 Château Berliquet
㊺马特拉斯酒庄 Château Matras
㊻贝莱尔酒庄 Château Belair
㊼玛德琳酒庄 Château Magdelaine
㊽拉克鲁西尔酒庄 Château La Clusiere
㊾柏菲–德凯斯酒庄 Château Pavie Decesse
㊿柏菲酒庄 Château Pavie
(51)圣乔治酒庄 Château Saint-Georges-Cote-Pavie
(52)嘉芙丽酒庄 Château La Gaffeliere
(53)芳佳酒庄 Château Fonplegade
(54)拉萝丝酒庄 Château L' Arrosee
(55)拉希–杜卡斯酒庄 Château Larcis-Ducasse
(56)柏菲–马昆酒庄 Château Pavie Macquin
(57)加农–嘉芙丽酒庄 Château Canon-La-Gaffeliere

波尔多圣埃米利永分级酒庄 2006年评鉴
Classement des Crus de Saint-Émilion 2006

一级酒庄 Premiers Grands Crus Classes

酒庄名称	中国台湾译名	英文名称	法定产区	等级	页码
金钟酒庄	安琪露酒庄	Château Angelus	圣埃米利永Saint-Émilion	B	256
奥松酒庄	欧颂酒庄	Château Ausone	圣埃米利永Saint-Émilion	A	258
宝世珠–杜夫酒庄	布西久酒庄	Château Beau–Sejour	圣埃米利永Saint-Émilion	B	262
宝世珠–比高酒庄	布西久·贝蔻酒庄	Château Beau–Sejour Becot	圣埃米利永Saint-Émilion	B	264
贝莱尔酒庄	贝爱尔酒庄	Château Belair	圣埃米利永Saint-Émilion	B	266
加农酒庄	卡侬酒庄	Château Canon	圣埃米利永Saint-Émilion	B	276
白马酒庄	雪佛·布朗酒庄	Château Cheval Blanc	圣埃米利永Saint-Émilion	A	284
富尔泰酒庄	克罗斯·佛特酒庄	Château Clos Fourtet	圣埃米利永Saint-Émilion	B	290
飞卓酒庄	菲佳克酒庄	Château Figeac	圣埃米利永Saint-Émilion	B	302
嘉芙丽酒庄	加菲利耶酒庄	Château La Gaffeliere	圣埃米利永Saint-Émilion	B	330
玛德琳酒庄	玛格德兰酒庄	Château Magdelaine	圣埃米利永Saint-Émilion	B	350
柏菲酒庄	帕维酒庄	Château Pavie	圣埃米利永Saint-Émilion	B	354
柏菲–马昆酒庄	帕维·玛肯酒庄	Château Pavie Macquin	圣埃米利永Saint-Émilion	B	358
特龙–蒙度酒庄	托佩隆·曼多酒庄	Château Troplong–Mondot	圣埃米利永Saint-Émilion	B	366
老托特酒庄	托特维尔酒庄	Château Trottevielle	圣埃米利永Saint-Émilion	B	368

特别级酒庄Grands Crus Classes

酒庄名称	中国台湾译名	英文名称	法定产区	页码
贝莱–杜艾酒庄	巴勒斯塔酒庄	Château Balestard-La-Tonnelle	圣埃米利永Saint-Émilion	260
美额–贝斯酒庄	贝福·贝席尔酒庄	Château Bellefont-Belcier	圣埃米利永Saint-Émilion	–
贝卡酒庄	贝格特酒庄	Château Bergat	圣埃米利永Saint-Émilion	268
倍力凯酒庄	贝力克酒庄	Château Berliquet	圣埃米利永Saint-Émilion	270
美嘉蒂酒庄	卡德彭酒庄	Château Cadet-Bon	圣埃米利永Saint-Émilion	272
嘉蒂–皮拉酒庄	卡德皮欧拉酒庄	Château Cadet-Piola	圣埃米利永Saint-Émilion	274
加农–嘉芙丽酒庄	卡侬加菲利耶酒庄	Château Canon-La-Gaffeliere	圣埃米利永Saint-Émilion	278
卡蒂–木兰酒庄	开普·墨尔兰酒庄	Château Cap de Mourlin	圣埃米利永Saint-Émilion	280
肖万酒庄	夏旺酒庄	Château Chauvin	圣埃米利永Saint-Émilion	282
洛拉图图园	克罗斯·罗哈托酒庄	Clos de L'Oratoire	圣埃米利永Saint-Émilion	286
雅各宾庄园	克罗斯·贾科拜酒庄	Château Clos Des Jacobins	圣埃米利永Saint-Émilion	288
圣马丁庄园	克罗斯·圣玛丁酒庄	Clos Saint-Martin	圣埃米利永Saint-Émilion	292
歌本酒庄	科拜恩酒庄	Château Corbin	圣埃米利永Saint-Émilion	294
歌本–米修特酒庄	科拜恩·米雪特酒庄	Château Corbin-Michotte	圣埃米利永Saint-Émilion	296
雅各宾修道院酒庄	库旺·贾科拜酒庄	Couvent des Jacobins	圣埃米利永Saint-Émilion	298
达索酒庄	达梭特酒庄	Château Dassault	圣埃米利永Saint-Émilion	300
黛斯庭酒庄	迪思帝士酒庄	Château Destieux	圣埃米利永Saint-Émilion	–
主教之花酒庄	佛勒卡迪酒庄	Château Fleur-Cardinale	圣埃米利永Saint-Émilion	–
芳佳酒庄	风伯卡德酒庄	Château Fonplegade	圣埃米利永Saint-Émilion	304
风霍格酒庄	风霍克酒庄	Château Fonroque	圣埃米利永Saint-Émilion	306
弗兰克–梅恩酒庄	佛朗·梅尼酒庄	Château Franc-Mayne	圣埃米利永Saint-Émilion	308
大歌本酒庄	葛兰·科拜恩酒庄	Château Grand-Corbin	圣埃米利永Saint-Émilion	310
大歌本–黛丝酒庄	科拜恩·迪思派酒庄	Château Grand-Corbin-Despagne	圣埃米利永Saint-Émilion	–
大梅恩酒庄	葛兰·梅尼酒庄	ChâteaU Grand Mayne	圣埃米利永Saint-Émilion	312
大庞特酒庄	葛兰波特酒庄	Château Grand-Pontet	圣埃米利永Saint-Émilion	315
上歌本酒庄	欧科拜恩酒庄	Château Haut-Corbin	圣埃米利永Saint-Émilion	316
上萨博酒庄	欧沙贝酒庄	Château Haut-Sarpe	圣埃米利永Saint-Émilion	318
拉萝丝酒庄	拉霍雪酒庄	Château L'Arrosee	圣埃米利永Saint-Émilion	320
拉克洛特酒庄	克洛特酒庄	Château La Clotte	圣埃米利永Saint-Émilion	322
拉克鲁西尔酒庄	克鲁席尔酒庄	Château La Clusiere	圣埃米利永Saint-Émilion	324

酒庄名称	中国台湾译名	英文名称	法定产区	页码
古斯伯德酒庄	库斯宝德酒庄	Château La Couspaude	圣埃米利永Saint-Émilion	326
多米尼克酒庄	多明尼克酒庄	Château La Dominique	圣埃米利永Saint-Émilion	329
塞尔酒庄	雪瑞酒庄	Château La Serre	圣埃米利永Saint-Émilion	332
飞卓之塔酒庄	拉图尔·菲佳克酒庄	Château La Tour-Figeac	圣埃米利永Saint-Émilion	334
美阁酒庄	拉尼欧特酒庄	Château Laniote	圣埃米利永Saint-Émilion	336
拉希–杜卡斯酒庄	拉西斯·杜卡仕酒庄	Château Larcis-Ducasse	圣埃米利永Saint-Émilion	338
拉曼地酒庄	拉曼德酒庄	Château Larmande	圣埃米利永Saint-Émilion	340
拉罗克酒庄	拉霍克酒庄	Château Laroque	圣埃米利永Saint-Émilion	342
拉罗兹酒庄	拉霍斯酒庄	Château Laroze	圣埃米利永Saint-Émilion	344
皮欧酒庄	普利优酒庄	Château Le Prieure	圣埃米利永Saint-Émilion	346
大墙酒庄	葛隆·慕黑尔酒庄	Château Les Grandes Murailles	圣埃米利永Saint-Émilion	348
马特拉斯酒庄	玛塔斯酒庄	Château Matras	圣埃米利永Saint-Émilion	352
蒙布瑟盖酒庄	蒙博斯克酒庄	Château Monbousquet	圣埃米利永Saint-Émilion	–
嘉蒂磨坊酒庄	木兰·卡德酒庄	Château Moulin du Cadet	圣埃米利永Saint-Émilion	–
柏菲–德凯斯酒庄	帕维·迪雪仕酒庄	Château Pavie-Decesse	圣埃米利永Saint-Émilion	356
黑柏酒庄	利普酒庄	Château Ripeau	圣埃米利永Saint-Émilion	360
圣乔治酒庄	圣乔治·帕维酒庄	Château Saint-Georges-Cote-Pavie	圣埃米利永Saint-Émilion	362
苏达酒庄	娑达酒庄	Château Soutard	圣埃米利永Saint-Émilion	364
特龙–蒙度酒庄	托佩隆·曼多酒庄	Château Troplong-Modot	圣埃米利永Saint-Émilion	366
老托特酒庄	托特维尔酒庄	Château Trottevieille	圣埃米利永Saint-Émilion	368

Map P.252 **39**

金钟酒庄
Château Angelus

（正标）

　　距离圣埃米利永钟塔不到一公里的金钟酒庄，可算是圣埃米利永产区重要的酒庄之一。1924年，La Forest家族买下庄园之前就拥有另一家庄园Mazerat，而后将Mazerat并入了现在的金钟酒庄。1989年之前的酒标名称为"L'angelus"，而后去除前面"L"的符号。

　　近百年来，酒庄一直维持着相当好的名声及评价，可能是因为酒庄都持续在同一家经营管理的关系。至今已传到了第七代，在尊重及保留传统的同时，也加上现代化之栽种及酿造技术，每年均在不断进步中，也将酒庄带入了新的境地。1996年重新评鉴时，由原来的特别级晋升为一级B。

基本资料

法定产区	圣埃米利永　Saint-Émilion
分级	一级（B）　Premier Grand Cru Classe（B）
葡萄园面积	23.4公顷
葡萄树龄	平均32年
年生产量	8000箱×12瓶
土质	黏土石灰石及黏土、沙、石灰石
葡萄品种	50%美乐／47%品丽珠／ 3%赤霞珠
酿造方法	波尔多传统方式酿造，依葡萄品种不同分别储存于橡木桶中18～22个月，每年更换100%的全新橡木桶。
副标	Carillon de L'Angelus

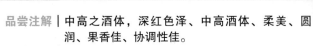

品尝注解	中高之酒体，深红色泽、中高酒体、柔美、圆润、果香佳、协调性佳。
知名度	中高
较佳年份	1980年之前的年份，酒并未储存于橡木桶中，因此不能久藏，1983年以后酒质维持一定水准。2010年预购价为€225。
出口价格	€100～€230
储存潜力	12～20年
价　格	偏高，这些年因人为炒作，价格越来越高，难以找到平衡点。
整体评价	★★★

Map P.252 ㊸

奥松酒庄
Château Ausone

（正标）

于1955年圣埃米利永产区开始建立分级酒庄制度时，奥松酒庄就与另一家白马（Cheval Blanc）酒庄同时被评为一级A酒庄，它的名称据说来自18世纪一位著名的诗人Ausonius。当时的庄园可能属于诗人的产业，前半段的历史已不复记载，一直到19世纪末才引起人们的注意。之前部分的园区属于隔邻的贝莱尔（Belair）庄园，1970年时酒庄的股份由Dubois-Challon夫人及Vauthier家族各占一半；1976年，天赋甚佳的年轻酿酒师 Pascal Delbeck加入了酒庄的经营管理，才让沉闷好长时间的庄园重启往日的光芒。虽然如此，但两个各拥有百分之五十股权者却常常相互争吵，树立起意见相左的长期纷争，最后导致Vauthier家族于1996年买下全部的股权，也结束纷争。同样令人好奇的是，此产区内的两家一级A酒庄，品丽珠的葡萄品种都占了相当大的比例，但却能酿出十分优秀的酒质。

基本资料

法定产区	圣埃米利永　Saint-Émilion
分级	一级（A）Premier Grand Cru Classe（A）
葡萄园面积	7公顷
葡萄树龄	平均45~50年
年生产量	1800~2000箱×12瓶
土质	黏土、石灰石
葡萄品种	50%品丽珠／50%美乐
酿造方法	采用波尔多传统方法，采用不锈钢桶酿造，将不同葡萄品种储存于橡木桶中 16~22个月不等，每年更换100%的全新橡木桶。
副标	Chapelle d'Ausone
副标年产量	约600箱×12箱

品尝注解	高饱满型，深暗红色泽、浓郁、多种复杂香气、结构性佳。
知 名 度	高
较佳年份	1996年之前的年份酒质感觉较柔，之后的年份可能是发酵方式改变，酒质显得较坚实些。2010年预购价为€850。
出口价格	€400~€850
储存潜力	15~35年
价　　格	超高，尤其是特别年份，追求者众多，无法达到平衡，况且生产量不多。
整体评价	★★★☆

Map P.252 **27**

贝莱-杜艾酒庄

Château Balestard
La-Tonnelle

（正标）

　　酒庄之名源自15世纪一位神职人员Balestard，而"Tonnelle"是葡萄棚架之意，另一个意思是半圆形的拱顶，而庄园内确实矗立着一座相当古老的平圆形拱顶石塔。古老的庄园从15世纪就拥有良好声誉，当时著名的诗人Francois Villion就写了一首诗给酒庄，说明他自己是多么钟爱此庄园，而酒庄也引以为傲地将此首诗不断重复印在酒标上；与众不同别具一格的酒标，确实引人注目。庄园座落在圣埃米利永产区东方的良好石灰石丘上，穿过马路对面就是另一家知名分级酒庄苏达（Soutard）。贝莱-杜艾酒庄一直以来被一般人认定为本产区优质的酒庄之一。

基本资料

法定产区	圣埃米利永 Saint - Émilion
分级	特别级 Grand Cru Classe
葡萄园面积	11公顷
葡萄树龄	平均35年
年生产量	5000箱×12瓶
土质	黏土、石灰石
葡萄品种	70%美乐／25%品丽珠／ 5%赤霞珠
酿造方法	采用波尔多传统方式酿造，依照葡萄品种不同分别 储存于橡木桶中18个月，每年更换至少50%的全新 橡木桶。
副标	Chanoine de Balestard

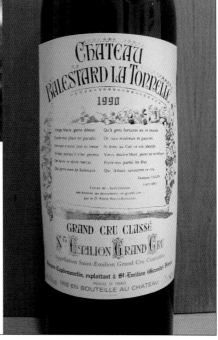

品尝注解	中高之酒体，深红色泽、浓郁、果香佳、丹宁稍强、需时间柔化。
知 名 度	中
较佳年份	从1985年以来一直维持相当稳定的品质。
出口价格	€18～€25
储存潜力	15～25年
价　　格	物有所值，价格也稳定，酒质及评价均不错。
整体评价	★★☆

Map P.252 **38**

宝世珠－杜夫酒庄
Château Beau-Séjour

（正标）

　　酒庄座落在圣埃米利永近郊，与另一家知名的一级酒庄加农（Canon）为邻，虽贵为一级酒庄，但不大的庄园一直都不太为人所熟悉，主要的可能是因为生产量不多，加上酒庄的酒大多直接销往私人客户，因此一般人要买到酒庄生产的酒较不容易。在19世纪中期之前，酒庄原本是较大的单一园区，但当年的主人将庄园分割给两个女儿，因而一分为二，此酒庄目前仍然由家族的子孙持续经营。

　　这个酒庄，对一般人来说，可能会常常把它与另一家宝世珠-比高（Beau Sejour Becot）酒庄混淆，因此大部分的酒商会在酒庄名称后面加上庄园主人的名字Duffau-Lagarrose作为区分，否则，它们都是一级B酒庄，又相毗邻，实在不容易分辨。

基本资料

法定产区	圣埃米利永　Saint-Émilion
分级	一级（B）　Premier Grand Cru Classe（B）
葡萄园面积	7公顷
葡萄树龄	平均35～40年
年生产量	2000～2500箱×12瓶
土质	高原黏土、石灰石
葡萄品种	70%美乐／20%品丽珠／ 10%赤霞珠
酿造方法	采用波尔多传统方式酿造，采用不锈钢桶，将各种不 同葡萄品种分别储存于橡木桶中14～18个月，每年 更换50%～60%的全新橡木桶。
副标	Le Croix de Mazerat

品尝注解	中高之酒体，深宝石红色泽、高雅、细致、柔美、多重果香味、协调性佳。
知名度	中
较佳年份	1980年之前虽贵为一级酒庄，但并不出色，之后的年份维持稳定及相当的水准。
出口价格	€20～€50
储存潜力	10～20年
价　　格	一级B酒庄，历史、知名度不是太高，生产量不多，价格还算稳定。
整体评价	★★☆

Map P.252 **31**

宝世珠-比高酒庄
Château Beau-Séjour Bécot

（正标）

　　于1955年圣埃米利永产区开始做分级酒庄评鉴时，就被评为一级B的宝世珠-比高酒庄，却在三十年后的1985被降为特别级；十余年后，1996年再度恢复其一级B的名分。之所以有如此的变化，乃因庄园的主人于1969年并购了另外两家特别级酒庄La Carte及Trois Moulins，将原本不到10公顷的庄园扩大近一倍，从而造成了Inao（Institut National Des Appellations D'origine）在重新评鉴时降了级，所幸酒庄的努力也得到了回报。庄园于1787年时的最初名称为"Beau-Séjour"，一直到1969年Michel Bécot买下庄园后再加上其家族姓氏。庄园主人于1985年退休，庄园交由两个儿子Gerard和Dominique经营至今。

基本资料

法定产区	圣埃米利永 Saint-Émilion
分级	一级（B） Premier Grand Cru Classe（B）
葡萄园面积	16.5公顷
葡萄树龄	平均42年
年生产量	6000箱×12瓶
土质	星形石灰石、黏土
葡萄品种	70%美乐／24%品丽珠／6%赤霞珠
酿造方法	波尔多传统方式酿造，采用大不锈钢依葡萄品种不同分别储存于橡木桶中，每年更换100%的全新橡木桶。
副标	La Tournelle de／Beau-Sejour-Becot

品尝注解	中高之酒体，深红色泽、浓郁、丰满、柔顺、多重复杂气息。
知 名 度	中
较佳年份	1995年之后酒质恢复到往日的优良水准。
出口价格	€30～€50
储存潜力	10～20年
价 格	以一级B酒庄而论，知名度、酒质、评价算合理。
整体评价	★★★

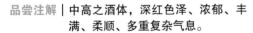

Map P.252 **46**

贝莱尔酒庄
Château Belair

（正标）

历史大约可回溯到3世纪左右就已经存在的庄园，中间的过程已无法查证，但15世纪时曾被当时的Guyenne省长所拥有，他的子孙也持续经营了几世纪之久，1916年Dubois-Challon家族买下了庄园，同样也成功地保持着良好的名声。贝莱尔庄园与另一家一级知名庄园奥松（Ausone）相邻，在1996年之前都属于同一个庄园主人。1976年，年轻的酿酒师Pascal Delbeck加入酒庄的行列，虽然没有太多经验，但他的活力为庄园注入了新生命力，使酒庄有了革命性的改变，也将以往储存在奥松酒窖的酒，移回了自己的酒窖。

1996年Pascal Delbeck接手了酒庄，成了庄园主人，此后，贝莱尔酒庄被认为是此区最优质的酒庄之一。

现酒庄由知名的葡萄酒商Jean-Pierre Mqueix接手管理，所生产的酒也由他们独家贩售，因此这些年在预购市场上看不到酒庄的价格，酒庄名称也变为Château Belair-Monange。

基本资料

法定产区	圣埃米利永　Saint-Émilion
分级	一级（B）Premier Grand Cru Classe（B）
葡萄园面积	12.5公顷
葡萄树龄	平均40年
年生产量	3300箱×12瓶
土质	40%黏土石灰石／55%星形石灰石
葡萄品种	80%美乐／20%品丽珠
酿造方法	波尔多传统方式酿造，1980年之前采用大木桶，而后大不锈钢桶，依葡萄品种分别储存于橡木桶中16~20个月不等，每年更换50%的全新橡木桶。
副标	Haut Roc Blanquant

品尝注解	中高之酒体，深红色泽、丰富、饱满、细致、多重复杂香气。
知名度	中高
较佳年份	1980年之后的年份品质都达到相当高的水准，但2000年之后却疏于管理，2006年新手接下后，才恢复原有水准。
出口价格	€35~€50
储存潜力	15~30年
价　格	以一级B酒庄、酒质及知名度，可以接受，生产量不多，值得一试。
整体评价	★★★

Map P.252 **35**

贝卡酒庄
Château Bergat

（正标）

　　算相当小的庄园之一，座落在圣埃米利永镇东方不远处，虽被评为顶级分级酒庄，但知道的人并不多，生产量也不多，因此要能够觅到酒庄生产的葡萄酒的下落，可能要一些时间去寻访。庄园由另一家隔邻的一级庄园老托特酒庄（Trottevieille）之Casteja家族来栽种及经营管理。

　　笔者曾经试着向酒商（Negociant）打探及寻访此酒庄生产酒的下落，却始终得不到回应，也想从预购酒庄名单中找寻，却也未找到，或许是全部直销或给某个特定酒商收购了吧！

基本资料

法定产区	圣埃米利永　Saint-Émilion
分级	特别级　Grand Cru Classe
葡萄园面积	4公顷
葡萄树龄	平均35年
年生产量	1000箱×12瓶
土质	黏土、石灰石
葡萄品种	50%美乐／40%品丽珠／10%赤霞珠
酿造方法	采用波尔多传统方式，采用水泥槽及不锈钢桶并用，将各种不同葡萄品种分别储存于橡木桶18～20个月，每年更换60%的全新橡木桶。
副标	N/A

品尝注解	N/A
知名度	低
较佳年份	据说1998年份非常优秀
出口价格	N/A
储存潜力	N/A
价　格	生产量少，很难在市场上发现。
整体评价	N/A

Map P.252 **44**

倍力凯酒庄
Château Berliquet

（正标）

（副标）

　　18世纪中后期建立的庄园，在本产区也算是古老的庄园之一，座落在Magdelaine中心的高原上，与另外两家顶级分级酒庄为邻，一家是玛德琳（Magdelaine）酒庄，另一家则是加农（Canon）酒庄。19世纪曾经被Sezes家族及Peres所拥有，1918年由De-Charles伯爵接手，这是一个著名及兴旺的家族，在14世纪时就掌握了多家圣埃米利永产区的优质酒庄。酒庄于1985年重新评鉴时被列入顶级分级酒庄，从此开始了酒庄历史的新页，酒庄也拥有几百年历史的地下酒窖，所有葡萄酒均储存在地下酒窖中陈年。

基本资料

法定产区	圣埃米利永　Saint-Émilion
分级	特别级　Grand Cru Classe
葡萄园面积	9公顷
葡萄树龄	平均42年
年生产量	3300箱×12瓶
土质	黏土、石灰石于山坡上／黏土、砂土于山脚下
葡萄品种	75%美乐／25%品丽珠／ 5%赤霞珠
酿造方法	波尔多传统方式酿造，采用小型不锈钢桶依葡萄品种 之不同分别储存于橡木桶中14个月，每年更换70%的 全新橡木桶。
副标	Les Ailes de Berliquet

品尝注解	高饱满型，深暗红色泽、浓郁、柔顺、平衡协调性、黑醋栗果香及香草香。
知名度	中
较佳年份	1978年之前的年份较平凡，之后较有进步，1997年之后更佳。
出口价格	€20～€23
储存潜力	10～25年
价格	以酒庄的知名度、历史及酒质，可说物有所值。
整体评价	★★

Map P.252 **20**

美嘉蒂酒庄
Château Cadet-Bon

（正标）

　　本产区小的庄园之一，座落在圣埃米利永北方近郊，几十年来几乎没有什么特别优秀或较杰出的表现，1985年重新评鉴时，曾被除去分级酒庄的身份，直到1986年，由目前的庄园主人接手，下定决心重整这原本是顶级分级的庄园，让它重新恢复应有的名分。终于，努力得到了回报，十年后的重新评鉴，让它于1996年再度回到分级酒庄行列。生产量不多，这些年开始引起人们的注意，但要买到此酒庄生产的酒并不容易。

　　虽然生产量不多，但这些年酒庄所生产的酒，在预购市场上一直维持着相当稳定的价格，没有太大的起伏。

基本资料

法定产区	圣埃米利永　Saint-Émilion
分级	特别级　Grand Cru Classe
葡萄园面积	4.6公顷
葡萄树龄	平均35年
年生产量	2000箱×12瓶
土质	黏土、石灰石
葡萄品种	70%美乐／30%品丽珠
酿造方法	采用波尔多传统方式酿造，采用小型木桶，储存于橡木桶中，每年更换30%的全新橡木桶。
副标	N/A

品尝注解｜中等酒体，丰富、有力的丹宁，结构体佳，多重香气。

知名度｜中低

较佳年份｜1986年新主人接手后，致力于酒质的改进，十年的努力终于又恢复以往的水准。

出口价格｜€15～€20

储存潜力｜15～20年

价格｜小庄园生产，不易购得，近些年来的评价较佳。

整体评价｜★★

Map P.252 **21**

嘉蒂－皮拉酒庄
Château Cadet-Piola

（正标）

　　7公顷也不算大的庄园，位于圣埃米利永北方近郊的嘉蒂村（Cadet），因位于嘉蒂村，附近几家酒庄都冠上"Cadet"字样作为识别。1952年，由现在的主人买下经营至今，与另外一家顶级分级酒庄富丽苏达酒庄（Faurie-de-Souchard）（2006年重新评鉴时被除名）一起经营，一直以来均维持一贯稳定的酒质，但没有特别的出色。

　　生产量不多的小型酒庄，但每年在预购市场上仍然可以看到酒庄的名字在名单上，因此若想品尝酒庄所生产的酒，有机会购得，价格也算稳定。

基本资料

法定产区	圣埃米利永 Saint-Émilion
分级	特别级（1969年/2006年） Grand Cru Classe
葡萄园面积	7公顷
葡萄树龄	平均35年
年生产量	2500箱×12瓶
土质	山丘：石灰石／斜坡：黏土、石灰石
葡萄品种	51%美乐／18%品丽珠／ 28%赤霞珠／3%马贝克
酿造方法	采用波尔多传统方式，不锈钢桶与水泥槽并用， 将各种不同葡萄品种储存于橡木桶中，每年更换 35%的全新橡木桶。
副标	Chevalier de Malta

品尝注解│中等酒体，柔美、平顺，较无特色。
知 名 度│中低
较佳年份│1988年以后各方的评价较佳。
出口价格│€18～€25
储存潜力│10～20年
价　　格│小庄园生产，不易购得。
整体评价│★★

Map P.252 **37**

加农酒庄
Château Canon

（正标）

优雅的18世纪小型古堡座落在圣埃米利永墙外的石灰岩上，1760年当Jacques Canon买下此庄园时，庄园的名称为"Saint Martin"，而后更名为Canon，1770年酒庄转手给了Libourne之主要的葡萄酒运输公司Raymond Fontemoing。1919年被 Fournier 家族买下后，花了很大的心思，努力用心地经营、改革及创新，建立起了酒庄的名声，而这样的精神及热情一直传给他的子孙，虽然如此，但仍抗拒不了现实的环境诱惑，于1996年将酒庄售予知名品牌Chanel公司的Wertheimer家族，幸运的是这些年来，酒庄做了许多更新及改造的工程。

Wertheimer兄弟也同时拥有另一家玛歌产区的顶级酒庄——瑚赞-塞格拉（Château Rauzan-Ségla）。

基本资料

法定产区	圣埃米利永 Saint-Émilion
分级	一级（B）Premier Grand Cru Classe（B）
葡萄园面积	22公顷
葡萄树龄	平均40 年
年生产量	4500～5000箱×12瓶
土质	黏土、石灰石／石灰石化石
葡萄品种	75%美乐／25%品丽珠
酿造方法	波尔多传统方式酿造，依葡萄品种分别储存于橡木桶中18～22个月不等，每年更换70%的全新橡木桶。
副标	Clos Canon
副标年产量	2500～3000箱×12瓶

品尝注解	高饱满浓郁型，深暗红色、丰富、典雅、细致、优美香气、良好的结构体。
知 名 度	中高
较佳年份	1985年之后酒质基本上维持一定的水准，近年更佳。 2010年预购价为€90。
出口价格	€40～€90
储存潜力	15～30年
价　　格	以一级B酒庄、历史、知名度、酒质来论，价格可以接受，且产量也不多。
整体评价	★★★

Map P.252 **57**

加农－嘉芙丽酒庄

Château Canon-La-Gaffeliere

（正标）

美丽典雅的庄园，座落在圣埃米利永产区的南方，位于Bergerac进入圣埃米利永的路上，以前酒庄的名称为"Château La Gaffeliere-Boitard"，而后更名。几世纪以来都维持良好声誉，于1971年由著名葡萄酒酿酒世家Come Von Neipperg家族接下，1985年由其子Stephan接手经营管理，从此开始了酒庄的另一个历程。这些年励精图治——大量的投资及更新设备，让人们看到酒庄的进步；比较特别的是，原本采用大不锈钢桶，却于1997年后又回到了大橡木桶，这应该是Stephan有自己的一套经验法则吧！

相关酒庄：

1. 洛拉图庄园（Clos de L'oratoire）（Grand Cru Classe）

2. Château Peyreau

3. Château La Mondotte（Grand Cru）

基本资料

法定产区	圣埃米利永　Saint-Émilion
分级	特别级　Grand Cru Classe
葡萄园面积	22公顷
葡萄树龄	平均40年
年生产量	6000箱×12瓶
土质	黏土、石灰石、砂石
葡萄品种	55%美乐／40%品丽珠／5%赤霞珠
酿造方法	波尔多传统方式酿造，采用大木桶，依各种不同葡萄品种分别储存于橡木桶中，每年更新80%～100%的全新橡木桶。
副标	Neipperg Selection

品尝注解｜高饱满、浓郁、深暗红色、结构性佳、丹宁稍强可陈年，较有个人风格。

知 名 度｜中高

较佳年份｜1985年到1996年橡木桶中味较浓，1997年之后较柔美、平衡，2005年后更佳。

出口价格｜€30～€55～€90

储存潜力｜15～25年

价　　格｜以酒庄之历史、知名度、酒质、价格来论，可以接受，也很值得去品尝。

整体评价｜★★☆

Map P.252 **12**

卡蒂－木兰酒庄

Château Cap de Mourlin

（正标）

家族拥有此酒庄近四百年，这能从郡的管理委员会的记录中得到证明，比较特别的是酒庄与村名相同，并同享其名，到底是先有庄名还是先有村名，其实已不得而知。酒庄座落在圣埃米利永北方的低斜坡上，从1970年开始，家族酒庄曾经被分割成两部分，一部分是Jaques，另一部分是Jean，一直到1982年才再度归一，现在酒庄由Jaques掌管。本酒庄所生产的酒，可算是传统典型的圣埃米利永酒质，呈现丰富的果香、平顺、柔美、均衡的协调性。

虽然价格算是朴实的酒庄，但较早进入亚洲的市场，因此本酒庄所生产的酒，在亚洲某些国家及地区也有一些知名度。

圣埃米利永产区

基本资料

法定产区	圣埃米利永　Saint-Émilion
分级	特别级　Grand Cru Classe
葡萄园面积	14公顷
葡萄树龄	平均36年
年生产量	5000～5500箱×12瓶
土质	黏土、石灰石、砂土
葡萄品种	65%美乐／25%品丽珠／10%赤霞珠
酿造方法	波尔多传统方式酿造，依葡萄品种分别储存于橡木桶中15～18个月不等，每年更换50%的全新橡木桶。
副标	Captain de Mourlin

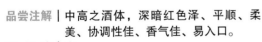

品尝注解	中高之酒体，深暗红色泽、平顺、柔美、协调性佳、香气佳、易入口。
知名度	中
较佳年份	从1980年起一直维持相当稳定的酒质及一定水准的品质。
出口价格	€15～€22
储存潜力	12～20年
价　格	物有所值，顶级酒庄中价格算很实惠，价格也相对稳定。
整体评价	★★

Map P.252 **9**

肖万酒庄
Château Chauvin

（正标）

　　酒庄是由一名波尔多富有的染坊商 Victor Dndet 于 1891 年购得庄园而开始建立的，当时的园区大约只有 45 公顷，而于 1998 年之后，再买下隔邻的园区，增加到现在的面积，酒庄一直维持着同一个家族经营，现已传至第四代。

　　肖万酒庄在圣埃米利永产区中，算是中小型的庄园，落脚在一个比较特别的位置，好似前不着村，后不着店，距离那些顶级分级酒庄的聚集地有一段路程，独自孤立在往西北的中间位置，较接近的酒庄是另一家位于更西北方的分级酒庄黑柏（Ripeau）。此酒庄的酒质，二十年来没有太大的起伏与变化，也没有特别明显的优异表现，但还算稳定。

基本资料

法定产区	圣埃米利永　Saint-Émilion
分级	特别级　Grand Cru Classe
葡萄园面积	15公顷
葡萄树龄	平均35年
年生产量	4000箱×12瓶
土质	砂石、砂砾石
葡萄品种	80%美乐／15%品丽珠／ 5%赤霞珠
酿造方法	采用波尔多传统方式采用不锈钢桶，将各种不同葡萄品种分别储存于橡木桶中，每年更换50%的全新橡木桶。
副标	Le Borderie de Chauvin

品尝注解	中高之酒体，深宝石红色泽，带有成熟之果香，坚实的丹宁，结构完整。
知 名 度	中低
较佳年份	1996年以后表现得相当稳定，2000年后酒质更佳。
出口价格	€15～€20
储存潜力	15～20年
价　　格	以这些年来酒质提升的表现，可谓物超所值。
整体评价	★★

Map P.252 ❻

白马酒庄
Château Cheval Blanc

（正标）

　　圣埃米利永产区只有两家酒庄被评为分级一级A，而白马酒庄就是其中之一。"Cheval Blanc"法文的原意是"白马"，因此中文以"白马酒庄"来称呼，就简单易记多了。酒庄的历史可追溯到18世纪的中期，到了19世纪中期由Fourcaud Laussac家族取得，在同一家族手中经营了将近一个半世纪后，1998年转手给Bernard Arnault及Baron Albert兄弟，至于经营管理则由著名的酒业家族Lurton负责。单一大片的葡萄园座落在十分适合葡萄栽种生长的土质上，并与另一法定产区波美候（Pomerol）毗邻，有趣的是，虽然只是一墙之隔，白马酒庄所生产的酒质却与波美候完全不同；更有意思的是，大家都在谈论葡萄品种对酒质的影响，品丽珠品种在波尔多只是个配角，但在白马酒庄却十分不同，栽种了超过60%的品丽珠，仍然拥有优秀的品质，值得玩味。酒标上左右各有一面金牌，代表了酒庄的荣耀，一面是在1862年伦敦竞赛中获金，另一面则是在1878年巴黎竞赛中得金，当然在20世纪也得到了许多的奖项。

基本资料

法定产区	圣埃米利永　Saint-Émilion
分级	一级（A）Premier Grand Cru Classe（A）
葡萄园面积	37公顷
葡萄树龄	平均42年
年生产量	8000～9000箱×12瓶
土质	冲积砾石、黏土及砂土
葡萄品种	65%品丽珠／35%美乐
酿造方法	采用波尔多传统方式，水泥槽及大不锈钢桶并用浸渍、发酵，将不同葡萄品种储存于橡木桶中18个月，每年更换100%的全新橡木桶。
副标	Le Petit Cheval
副标年产量	3000～4000箱×12瓶

品尝注解	高饱满型，深红色泽、浓郁、饱满、柔顺、丰富、多种香气。
知名度	高
较佳年份	从1966年至今酒质均维持相当高的品质，约有三分之一的杰出年份（如果不是传说）。2010年预购价为€895。
出口价格	€300～€900
储存潜力	15～35年
价　格	超高，尤其是特别年份，市场供需，追捧者太多，很难求得平衡点。
整体评价	★★★☆

Map P.252 **13**

洛拉图庄园
Château Clos de L'Oratoire

（正标）

　　洛拉图庄园座落在圣埃米利永的东北方，该庄园家族同时也拥有另一家圣埃米利永南方边区的顶级分级酒庄加农-嘉芙丽（Canon-La-Gaffeliere）及另一家未入分级的酒庄"Peyreau"。1990年，Comte Stephan Von Neipperg才买下了这座庄园，之后致力于许多技术上的改进，让酒庄保持在一定的水准之上。

基本资料

法定产区	圣埃米利永 Saint-Émilion
分级	特别级 Grand Cru Classe
葡萄园面积	10.3公顷
葡萄树龄	平均 35年
年生产量	4000 ~ 4500箱 × 12瓶
土质	高坡：黏土、石灰石／斜坡：黏土、砂石
葡萄品种	90%美乐／5%品丽珠／5%赤霞珠
酿造方法	采用波尔多传统方式酿造，采用大木桶浸渍发酵，而后将各种不同葡萄品种分别储存于橡木桶中18个月，每年更换80% ~ 100%的全新橡木桶。
副标	N/A

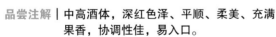

品尝注解	中高酒体，深红色泽、平顺、柔美、充满果香，协调性佳，易入口。
知名度	中低
较佳年份	1990年以后基本上酒质都算稳定，但没有特别突出的表现，2005年后较杰出。
出口价格	€20 ~ €30
储存潜力	10 ~ 20年
价格	稳定的酒质，加上知名酒庄的操作，价位算相当合理。
整体评价	★★

Map P.252 ③

雅各宾庄园

Château Clos Des Jacobins

（正标）

　　雅各宾庄园位于圣埃米利永西北部通往里邦（Libourne）的路上，邻近两家知名的顶级酒庄大庞特酒庄（Grand Pontet）与飞卓酒庄（Figeac），为波尔多知名的Cordier家族所拥有，于1964年买下后，由Joan Gedrge重整，几十年来都维持着良好的声誉，酒质也让人印象深刻，即使在不是很好的葡萄酒出产年代，酒质也都能达到一定的标准。

　　酒庄自己认为，一直以来均维持相当优秀的品质，应该晋升为一级酒庄。但一级酒庄不是只要品质，而是需要各方面条件的配合。

基本资料

法定产区	圣埃米利永 Saint-Émilion
分级	特别级 Grand Cru Classe
葡萄园面积	8.5公顷
葡萄树龄	平均 30年
年生产量	3500箱 × 12瓶
土质	砂石及黏土
葡萄品种	70%美乐 / 30%品丽珠
酿造方法	采用波尔多传统方式，采用小型木桶酿造，分别将不同品种葡萄储存于橡木桶中18～24个月，每年更换75%～100%的全新橡木桶。
副标	N/A

品尝注解	中高酒体，深红色泽、饱满、丰富、黑醋栗及多种果香、协调性佳。
知名度	中
较佳年份	1980年以后出现了近一半相当优秀的年份酒，获得好的评价。
出口价格	€18～€25
储存潜力	15～25年
价格	以酒庄的知名度及其酒质来论，价格算适中，也很稳定。
整体评价	★★☆

Map P.252 ㉙

富尔泰酒庄
Château Clos Fourtet

（正标）

20公顷的葡萄园环绕在酒庄高贵的古堡建筑四周，古堡建立于18世纪的中后期，也就是刚好在法国大革命之前，酒庄座落在中古世纪圣埃米利永城的南边郊区。

庄园在中世纪时的名称为"Camp Fourtet"，因为Camp就是当年的军营，而当时的堡垒式设计就是要保护圣埃米利永城镇，之后更名为"Clos Fourtet"，"Clos"的法文意思就是葡萄园。

1970年之前，酒的品质及名声曾经衰退了一段时间，而后由知名酿酒家族之一的Pierre Lurton接手，品质与声誉才开始恢复往日的顶级酒庄水准。2000年，Pierre Lurton家族将酒庄出售给现在的主人Philippe Cuvelier，新主人用传统的方式酿造，配合现代化技术，所有的葡萄酒均在完整的地下酒窖储存陈年。

基本资料

法定产区	圣埃米利永 Saint-Émilion
分级	一级（B）Premier Grand Cru Classe（B）
葡萄园面积	20公顷
葡萄树龄	N/A
年生产量	7000箱 × 12瓶
土质	高原黏土、石灰石
葡萄品种	85%美乐／10%品丽珠／ 5%赤霞珠
酿造方法	波尔多传统方式采用小桶酿造，按各种不同葡萄品种，分别储存于橡木桶中12个月，每年更换80%的全新橡木桶。
副标	La Closerie de Fourtet

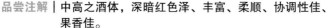

品尝注解	中高之酒体，深暗红色泽、丰富、柔顺、协调性佳、果香佳。
知名度	中
较佳年份	1980年之前的年份会令人失望，之后酒质恢复到顶级酒庄的水准，2003年之后更佳。
出口价格	€30 ~ €50
储存潜力	12 ~ 20年
价格	一级B酒庄，历史、知名度、酒质均佳，价格可以接受，但特定年份2005的价格偏高。
整体评价	★★☆

Map P.252 **30**

圣马丁酒庄
Clos Saint-Martin

（正标）

　　圣马丁酒庄为三个迷你型的顶级分级酒庄之一，另两家为大墙酒庄（Château Grandes Murailles）及Château Baleau。三个酒庄的酒均在 Baleau中进行酿造、生产及储存。但Grandes Murailles 及 Baleau酒庄在1985年重新评鉴时同时被除去"Grand Cru Classe"的身份，此后庄园主人下定决心努力改进酒质，十年后，Grandes Murailles再度取回"Grand Cru Classe"身份，但Baleau依然无法列名。

　　虽然是迷你型的庄园，产量稀少，但仍然可以在预购市场上看到它的名字，因此仍有机会购得及品尝。

基本资料

法定产区	圣埃米利永 Saint-Émilion
分级	特别级 Grand Cru Classe
葡萄园面积	1.33公顷
葡萄树龄	平均 40年
年生产量	400箱×12瓶
土质	黏土、石灰石于石灰岩上
葡萄品种	70%美乐／20%品丽珠／ 10%赤霞珠
酿造方法	采用波尔多传统方式酿造，采用不锈钢桶浸渍、发酵， 而后将各种不同葡萄品种分别储存于橡木桶中18个月， 每年更换100%的全新橡木桶。
副标	N/A

品尝注解	中高之酒体，饱满、丰富、良好之结构体，有黑醋栗果香，平衡协调性佳。
知名度	中
较佳年份	据说1986年以后均维持稳定，1998年到近年有长足进步。
出口价格	€25～€30
储存潜力	15～25年
价格	物以稀为贵，价格尚合理，可以尝试，但不易购得。
整体评价	★★

Map P.252 ②

歌本酒庄
Château Corbin

（正标）

　　圣埃米利永地区五家同姓的庄园之一，也是最原始的第一家，座落在圣埃米利永的西北方，距西边另一个知名产区波美候（Pomerol）大约只有几公里，原本还算大的庄园被分割成五个庄园。酒庄在里邦（Libourne）地区的历史上扮演着重要角色，12世纪时，因姻亲的关系，当时波尔多所属的阿奇旦公国（Aquitaine）成为英国的领土之一，也开始了对英皇的拥戴时期，而庄园就是当年威尔士（Wales）爱德华（Edward）亲王的受封地，几世纪后庄园已非昔日的模样。

分割后的酒庄名称：

上歌本酒庄（Château Haut-Corbin）

大歌本酒庄（Château Grand-Corbin）（1996年被除去G.C.C，2006年再度取得G.C.C）

歌本-米修特酒庄（Château Corbin Michotte）（1996年被评为G.C.C）

大歌本-黛丝酒庄（Château Grand Corbin-Despagne）（1996年被除去G.C.C，2006年再度取得G.C.C）

基本资料

法定产区	圣埃米利永　Saint-Émilion
分级	特别级　Grand Cru Classe
葡萄园面积	13公顷
葡萄树龄	平均 30年
年生产量	4000～4500箱×12瓶
土质	砂石、黏砂土、黏土
葡萄品种	80%美乐／20%品丽珠
酿造方法	采用波尔多传统方式，采用不锈钢桶酿造，将各种葡萄品种分别储存于橡木桶中6～18个月，每年更换50%的全新橡木桶。
副标	N/A

品尝注解	中高酒体，深红色泽、饱满、丰腴、多重果香，细致度稍差些，平衡性佳，有其特色。
知名度	中高
较佳年份	1980年以来酒质均相当稳定，虽没有令人惊艳的表现，但具有一定的水准。
出口价格	€12～€18
储存潜力	10～20年
价格	以酒庄的历史、知名度、酒质来论，价格稳定且不高，物有所值。
整体评价	★★☆

Map P.252 ❶

歌本-米修特酒庄

Château Corbin Michotte

（正标）

歌本-米修特酒庄是让人有些迷惑的五家同姓酒庄之一，座落在圣埃米利永的西北方，与另一家原本是顶级分级酒庄的Croque-Michott相邻（已被除去Grand Cru Classe），两个独立的庄园，但在名称上可能会让人有些混淆。酒庄也是由原来Corbin所分割出来的，1959年由现在的主人Jean-Noel Boiden买下之后，花了很多时间及精力重新整建、改进，包括酒窖，也在1980年全部重新整建。

Jean-Noel Boiden家族从1855年起就开始在此地栽种葡萄，而他本人也在波尔多大学教授葡萄酒酿造工艺。从1997年至今，在世界各地的评比当中得到不少奖项，也受到很好的评价。

基本资料

法定产区	圣埃米利永　Saint-Émilion
分级	特别级　Grand Cru Classe
葡萄园面积	7公顷
葡萄树龄	平均 35年
年生产量	3000箱×12瓶
土质	砂土为辅／砂石、黏土及砾石
葡萄品种	65%美乐／30%品丽珠／5%赤霞珠
酿造方法	采用波尔多传统方式，采用大不锈钢桶酿造，将各种不同葡萄品种分别储存于橡木桶中18~24个月，每年更换35%的全新橡木桶。
副标	Les Abeilles

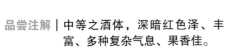

品尝注解｜中等之酒体，深暗红色泽、丰富、多种复杂气息、果香佳。

知 名 度｜中

较佳年份｜1996 年以后均维持稳定的酒质。

出口价格｜€15~€20

储存潜力｜10~20年

价　　格｜生产量不多，平稳及较合理的价格。

整体评价｜★★☆

Map P.252 **17**

雅各宾修道院酒庄

Château Couvent des Jacobins

（正标）

　　古老的庄园就紧贴圣埃米利永镇东侧墙边较低的位置，雅各宾修道院酒庄原本是属于天主教修士的庄园；1902年，由现在经营的家族接手至今，已超过百年；1969年分级酒庄评鉴时，被列入顶级分级酒庄，一直维持着顶级分级酒庄的身份。园区里有些较年轻的葡萄树会被用来酿造酒庄的副标酒。

基本资料

法定产区	圣埃米利永 Saint-Émilion
分级	特别级 Grand Cru Classe
葡萄园面积	10.5公顷
葡萄树龄	平均 40年
年生产量	4000～4500箱×12瓶
土质	黏土、石灰石、砂石黏土
葡萄品种	65%美乐／30%品丽珠／ 5%赤霞珠
酿造方法	采用波尔多传统方式酿造、浸渍、发酵，而后将各种 不同葡萄品种分别储存于橡木桶中15～18个月，每 年更换100%的全新橡木桶。
副标	Beau–Mayne

品尝注解	中等酒体，深紫红色泽，柔美、平顺，果香及适中的丹宁，易入口。
知 名 度	中低
较佳年份	1980年以后均维持稳定，并没有特别突出的表现。
出口价格	€15～€20
储存潜力	15～20年
价　　格	历史性的庄园，产量不多，价格平实。
整体评价	★★

Map P.252 ⑪

达索酒庄
Château Dassault

（正标）

　　达索酒庄由Victor Beylot建立于1862年，当时酒庄名称为"Château Couperie"，1955年Marcel Dassault买下庄园后更名，并投下大量资金更新设备，整建庄园，而后在1969年与另外七家酒庄一起被评鉴，并同时列入顶级分级酒庄行列中。1995年起由其孙子Laurent Daussault接管，同样秉持着家族传统的热情及引以为傲的努力精神，持续着庄园的更新工作、修剪枝叶、减少产量等，全新的酿酒槽也改装完成，致力于酿造更臻于完美的品质。

基本资料

法定产区	圣埃米利永 Saint-Émilion
分级	特别级 Grand Cru Classe
葡萄园面积	24公顷
葡萄树龄	平均36年
年生产量	5000～6000箱×12瓶
土质	古代的矽质土及酸质石灰石土
葡萄品种	70%美乐／20%品丽珠／10%赤霞珠
酿造方法	波尔多传统方式酿造，采用小型水泥槽，依各种不同葡萄品种分别储存于橡木桶中14～18个月，每年更换90%～100%的全新橡木桶。
副标	Le de Dassault

品尝注解	中等之酒体，深暗红色泽、亮丽、丰富、柔美、适中丹宁、奶油及香草香。
知 名 度	中
较佳年份	1996年之前基本上平凡，之后的年份有相当大的进步。
出口价格	€17～€20
储存潜力	15～25年
价　　格	以酒庄知名度、历史、酒质来论，还算是物有所值。
整体评价	★★☆

Map P.252 ⑩

飞卓酒庄
Château Figeac

（正标）

　　相当古老的庄园，历史可回溯到2世纪的罗马高卢（Gallo-Roman）时期，酒庄属于Figeacus家族，40公顷的葡萄园，在圣埃米利永产区算是相当大的庄园。座落在圣埃米利永产区西偏北方之"砂砾石地"，较特别的是，有别于其他圣埃米利永区的地质，这是由三种不同砂砾石层组成的，也因此酒庄种了35%品丽珠、35%赤霞珠和30%美乐，这种三分情况在圣埃米利永区之中尚算少见，故人们称它为"最梅多克的圣埃米利永葡萄酒"。整个庄园古堡建筑物的中间部分，是在18世纪末期重建完成的，保存了中古世纪到文艺复兴时期的建筑风格，可说是最具历史意义的古迹之一。自1892年Thierry Manoncourt接手后一直到现在，都由其家族所拥有及经营；1947年花了很大的金钱、人力、物力去重建整个庄园，使它达到顶级酒庄的水准，现在由其女儿Laure及女婿Eric D'Araman伯爵接管，持续维持着家族传统。有许多人常将此酒庄与白马（Cheval Blanc）酒庄比较，主要原因在于它们的规模相同，同时栽种比例也相似，但其实两者的酿造方式不全然相同，土质也不同，因此在酒质的柔细度上也有所不同。

基本资料

法定产区	圣埃米利永 Saint-Émilion
分级	一级（B）　Premier Grand Cru Classe（B）
葡萄园面积	40公顷
葡萄树龄	平均35年
年生产量	10000箱×12瓶
土质	三种不同上升砂砾石
葡萄品种	35%赤霞珠／35%品丽珠／30%美乐
酿造方法	采用波尔多传统方式酿造，大木桶及不锈钢桶并用，再将各种不同葡萄品种分别储存于橡木桶中18～20个月，每年更换100%的全新橡木桶。
副标	La Grange Neuve de Figeac

品尝注解	高饱满酒体、浓郁、深红色泽、丰富、成熟果香、奶油香及其他复杂香气、协调性佳。
知名度	高
较佳年份	从1950年以来一直都维持相当高的品质，除了少数几年因气候关系稍差，其他的年份表现算优秀。2010年预购价为€168。
出口价格	€40～€70
储存潜力	15～30年
价　格	以一级B酒庄、历史、知名度及酒质来论，价格是可以被接受的，且较为务实、平稳，但2009年却偏高了。
整体评价	★★★☆

Map P.252 **53**

芳佳酒庄
Château Fonplegade

（正标）

　　芳佳酒庄座落在圣埃米利永南方边区，18公顷的庄园在此产区已算是中型的庄园，庄园主人是知名酒商 Jean-Pierre Moueix Armand Moueix，同时也拥有另一家顶级分级酒庄La-Tour du Pinfigeac（2006年重新评鉴时已被除去Grand Cru Classe的身份）。

基本资料

法定产区	圣埃米利永　Saint-Émilion
分级	特别级　Grand Cru Classe
葡萄园面积	18公顷
葡萄树龄	平均35年
年生产量	8000箱×12瓶
土质	山丘：石灰石／斜坡：黏土、石灰石／低斜坡：矽质黏土
葡萄品种	60%美乐／35%品丽珠／5%赤霞珠
酿造方法	采用波尔多传统方式，长时间浸渍，将各种不同葡萄品种分别储存于橡木桶中15个月，每年更换55%的全新橡木桶。
副标	Clos Goudichaud

品尝注解	中高之酒体，深红色泽、丰富、饱满，似乎缺少了平顺与柔美，可能需要时间陈年。
知名度	中低
较佳年份	1980年以后酒质都算稳定，但没有特别的表现。
出口价格	€15～€20
储存潜力	10～20年
价格	物有所值，价格不算高，可以试试。
整体评价	★★

Map P.252 **15**

风霍格酒庄
Château Fonroque

（正标）

位于圣埃米利永北方郊区，之前的庄园历史已不复记载，因而无法得知；但从1931年起就属于知名的酒商Jean-Pierre Moueix所拥有，现在由第三代的子孙负责经营。可能由于同一家族成员的类似经营及酿造方式，酒质的形态与另一家堂兄所经营的芳佳酒庄（Château-Fonple Gape）有某种相似之处。

家族拥有的酒庄：
1. 芳佳酒庄（Château Fonplegade）（Grand Cru Classe）
2. 玛德琳酒庄（Château Magdelaine）（Grand Cru Classe）

基本资料

法定产区	圣埃米利永　Saint-Émilion
分级	特别级　Grand Cru Classe
葡萄园面积	17公顷
葡萄树龄	平均 30年
年生产量	8000箱×12瓶
土质	山丘：石灰石／斜坡：黏土、石灰石／低斜坡：矽质黏土
葡萄品种	88%美乐／12%品丽珠
酿造方法	采用波尔多传统方式，采用水泥槽浸渍发酵，将各种不同葡萄品种分别储存于橡木桶中，每年更换50%的全新橡木桶。
副标	N/A

品尝注解｜中高之酒体，深红色泽、饱满，缺乏细致与柔美，需慢慢发觉。

知 名 度｜中低

较佳年份｜1980年以后酒质都算稳定，但没有太突出的表现。

出口价格｜€14～€18；2001年之后各方评价均佳。

储存潜力｜10～20年

价　　格｜价格适中，也十分稳定，可以尝试。

整体评价｜★★

Map P.252 **23**

弗兰克—梅恩酒庄
Château Franc-Mayne

（正标）

酒庄因为靠近另一个知名的产区Cote de Franc，故在其酒庄名前加上"Franc"字样，庄园有三种不同的土质，这些天然的土质带给葡萄酒不同的特质，浓郁、饱满、细致及充满活力的多重复杂气息交织在一起。1987年Axa接手了酒庄，但在1996年转售给比利时的酒商Georgy Fourcroy，几年前，知名的酿酒师Michel Rolland的进驻管理，为酒庄带来新动力，酿酒区也重新设计改造，大不锈钢桶与大橡木桶并用，而后将橡木桶置于2公顷大的地下隧道储存陈年。每年均有几千位葡萄酒爱好者来此造访，但只有少数的幸运者可以住进酒庄旅馆"Hotel de Charme"。

圣埃米利永产区

基本资料

法定产区	圣埃米利永 Saint-Émilion
分级	特别级 Grand Cru Classe
葡萄园面积	7公顷
葡萄树龄	平均27年
年生产量	3000箱×12瓶
土质	黏土、石灰石在高原及山腰／黏土、砂石在山脚斜坡
葡萄品种	90%美乐／10%品丽珠
酿造方法	波尔多传统方式，先采用小型水泥酒槽，再将各种不同葡萄品种，分别储存于橡木桶中16～18个月，每年更换60%的全新橡木桶。
副标	Les Cedres de Franc-Mayne

品尝注解 | 中高之酒体，深暗红色泽、丰富、饱满、果香佳。
知 名 度 | 中
较佳年份 | 之前的年份不是很稳定，2001年、2002年、2003年、2004年维持一定水准，2005年之后有较大的进步。
出口价格 | €14～€18
储存潜力 | 15～20年
价　　格 | 价格稳定的酒庄，不会太高，物有所值，况且有名酿酒师作为顾问。
整体评价 | ★★

Map P.252 ④

大歌本酒庄
Château Grand-Corbin

（正标）

　　大歌本酒庄是五家歌本被分割后的其中一家，确实非常容易与其他四家混淆。庄园座落在圣埃米利永西北边，靠近另一知名产区波美候（Pomerol），庄园前后段的历史与歌本（Corbin）都是一样的，有光辉时的荣耀，也有黯淡期的落寞与沧桑。此酒庄在1996年重新评鉴时，被除去"Grand Cru Classe"头衔；但2006年再度评鉴时又恢复了身份。现在的庄园主人是Alain Giraud。

圣埃米利永产区

基本资料

法定产区	圣埃米利永 Saint-Émilion
分级	特别级 Grand Cru Classe（2006年）
葡萄园面积	15.5公顷
葡萄树龄	平均 30年
年生产量	5000箱×12瓶
土质	砂土、黏土
葡萄品种	70%美乐／25%品丽珠／ 5%赤霞珠
酿造方法	采用波尔多传统方式酿造发酵，再按不同葡萄品种分别 储存于橡木桶中，每年更换35%的全新橡木桶。
副标	N/A

品尝注解	深艳红色泽、中等酒体、平顺、柔美，稍微平凡了些。
知名度	中低
较佳年份	1980年以来均平稳，但并不特别显眼。
出口价格	€14～€16
储存潜力	10～20年
价　　格	虽然平凡，但也有一定的水准，价格不高，可尝试。
整体评价	★★

GRAND CORBIN

GRAND VIN DE BORDEAUX

CHATEAU
GRAND CORBIN

2000

Saint-Emilion Grand Cru
APPELLATION SAINT-ÉMILION GRAND CRU CONTRÔLÉE

MIS EN BOUTEILLE AU CHÂTEAU

SOCIÉTÉ FAMILIALE ALAIN GIRAUD
PROPRIÉTAIRE À SAINT-ÉMILION (FRANCE)

PRODUCE OF FRANCE

Map P.252 **24**

大梅恩酒庄
Château Grand Mayne

（正标）

　　建于15世纪的庄园古堡，大梅恩酒庄的园区座落在圣埃米利永镇之西偏南郊区，可以算是本产区最美丽的古堡建筑之一。几世纪以来，酒庄拥有良好的名声；而良好的地理环境及多种不同土质，给葡萄酒带来了不同的特色，以及丰富、柔美、平顺、多重复杂香气。1934年Jean Nony家族取得了酒庄；1977年，Jean Pierre与其妻子Marie Francoise接下了经营管理；2001年，Jean Pierre去世后，妻子及儿子Jean Antoise继续经营酒庄，并且请来了知名酿酒师和专家协助经营。

基本资料

法定产区	圣埃米利永　Saint-Émilion
分级	特别级　Grand Cru Classe
葡萄园面积	17公顷
葡萄树龄	平均37年
年生产量	5000箱×12瓶
土质	黏土、石灰石在上斜坡／黏土、砂土层在低斜坡
葡萄品种	75%美乐／15%品丽珠／ 10%赤霞珠
酿造方法	采用波尔多传统方式，木桶及不锈钢桶并用，再将各种不同葡萄品种储存于橡木桶中14～18个月，每年更换80%的全新橡木桶。
副标	Les Plantes du Mayne

品尝注解│中高之酒体，深暗红色泽、丰富、平顺柔美、协调性佳、果香佳。

知 名 度│中

较佳年份│大概是由于一直都由同一家族经营，因此酒质从1976年以来，都维持相当平稳的良好品质。

出口价格│€18～€26

储存潜力│12～20年

价　　格│历史、知名度及酒质一直都维持良好名声，价格稳定，物有所值。

整体评价│★★☆

Map P.252 22

大庞特酒庄
Château Grand-Pontet

（正标）

　　大庞特庄园座落在圣埃米利永西北近郊，距离Mazerat著名的圣马丁（St Martin）教堂只有五百米。1989年之前庄园属于知名的波尔多酒商Barton & Guestier所拥有，之后由Becot家族接下，与另一家一级酒庄Beau-Sejour Becot为同一主人。

　　虽然这些年来，酒庄所生产的酒没有特别杰出的表现，但一直以来，酒质都维持在相当的水准，也算稳定，且有一定的知名度。

基本资料

法定产区	圣埃米利永 Saint-Émilion
分级	特别级 Grand Cru Classe
葡萄园面积	14公顷
葡萄树龄	平均 40年
年生产量	5000箱×12瓶
土质	黏土、石灰石
葡萄品种	70%美乐／15%品丽珠／ 10%赤霞珠
酿造方法	采用波尔多传统方式浸渍、发酵，再将不同葡萄品种分别储存于橡木桶中陈年，每年更换70%~90%的全新橡木桶。
副标	N/A

品尝注解	中高酒体，深宝红色泽、饱满、丰硕、果香佳、适中的丹宁，协调性佳。
知 名 度	中低
较佳年份	1985年至今都算稳定，没有太大起伏，也不太突出，但可以说是平凡中较特别的。
出口价格	€15~€25
储存潜力	10~20年
价　　格	虽然没有特别杰出的表现，但酒质也维持在一定水准，又有名酒商为庄主，价格也稳定合理。
整体评价	★★☆

Map P.252 ❸

上歌本酒庄
Château Haut-Corbin

（正标）

上歌本酒庄座落在圣埃米利永西北方，距另一知名产区波美候（Pomerol）大约只有6公里。不大的庄园，却在里邦（Liboune）地区的历史上扮演着重要的角色。在阿奇旦（Aquitaine）地区成为英国的国土，效忠英皇的时期，庄园就是属于威尔士爱德华（Wales Edward）亲王的封地；几世纪后，庄园却被瓜分得支离破碎。原本名称是歌本（Corbin），而上歌本正是被分割的其中一家，1969年被评鉴为分级特别级酒庄。虽然如此，但它在酒质上并没有特别表现，直到1986年，Mutuelles d'Assurance du Batiment et des-Travaux-Public集团（MABTP Group）买下酒庄后，经过重新整顿才渐渐引起人们的注意，酒质也有了相当大的进步。

基本资料

法定产区	圣埃米利永　Saint-Émilion
分级	特别级　Grand Cru Classe
葡萄园面积	6公顷
葡萄树龄	平均 45年
年生产量	3000箱×12瓶
土质	黏土、砂石
葡萄品种	65%美乐／25%品丽珠／10%赤霞珠
酿造方法	采用波尔多传统方式，采用小型木桶浸渍、发酵，将各种不同葡萄品种分别储存于橡木桶中14个月，每年更换40%的全新橡木桶 。
副标	N/A

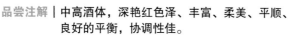

品尝注解	中高酒体，深艳红色泽、丰富、柔美、平顺、良好的平衡，协调性佳。
知 名 度	中低
较佳年份	新主人接手后，酒质有了大幅度的进步，达到相当高的水准。
出口价格	€12～€15
储存潜力	10～20年
价　　格	小庄园，产量不多，价格合理，但不易购得。
整体评价	★★

Map P.252 **26**

上萨博酒庄
Château Haut-Sarpe

（正标）

　　酒庄座落在圣埃米利永之东北郊，邻近另一个顶级分级酒庄贝莱-杜艾酒庄（Balestar-La-Tonnelle），有二十公顷的园地，在圣埃米利永已是中型的庄园。酒庄属于Janoueix家族所有，此家族在圣埃米利永及波美候是相当大且知名的葡萄酒生产者，拥有八座庄园，全部园区约300公顷。

　　上萨博酒庄是家族于1930年接收的顶级酒庄，所生产的酒75%销售于法国国内，特别是在巴黎著名的餐厅，只有25%出口外销。

基本资料

法定产区	圣埃米利永　Saint-Émilion
分级	特别级　Grand Cru Classe
葡萄园面积	21公顷
葡萄树龄	平均35年
年生产量	6000箱×12瓶
土质	黏土、砂石
葡萄品种	70%美乐／30%品丽珠
酿造方法	采用波尔多传统方式浸渍、发酵，将各种不同葡萄品种分别储存于橡木桶中陈年，每年更换50%的全新橡木桶。
副标	Château Vieux Sarpe

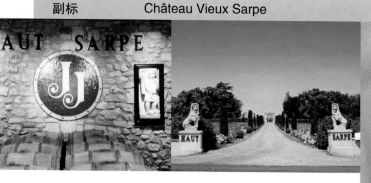

品尝注解	中高酒体，深红色泽、丰富、典雅、柔美、平顺，有其特质。
知名度	中低
较佳年份	1995年以后酒质基本上稳定，中间也有几个较佳年份。
出口价格	N/A
储存潜力	10～20年
价格	N/A
整体评价	★★☆

Map P.252 **54**

拉萝丝酒庄
Château L'Arrosee

（正标）

拉萝丝酒庄座落在圣埃米利永南方偏西，几乎位于产区的边界地方，邻近另一家特别级酒庄Terte-Daugay（在2006年重新评鉴时被除名），此酒庄名称"L'Arrosee"，法文之意为"被灌溉的大地"。

酒庄于1868年时就被认定为顶级酒庄，并有"圣埃米利永大使"的称誉，1955年分级酒庄评鉴时就确定了其顶级酒庄的地位，1956年由Francois Rodhain接手，致力于相当多的改进，2002年由Jean-Philippe Caille购得，希望给酒庄带来复兴及更大的朝气。

基本资料

法定产区	圣埃米利永　Saint-Émilion
分级	特别级　Grand Cru Classe
葡萄园面积	9.5公顷
葡萄树龄	平均35年
年生产量	2500箱×12瓶
土质	黏土、石灰石
葡萄品种	60%美乐／20%品丽珠／20%赤霞珠
酿造方法	采用波尔多传统方式酿造，采用小型木桶，将各种不同葡萄品种分别储存于橡木桶中陈年，每年更换50%的全新橡木桶。
副标	Le Coteaux　du　Château　L'Arrosee

品尝注解｜中高酒体，深红色、丰富、典雅、柔美、平
　　　　　顺、多果香、协调性佳。
知 名 度｜中低
较佳年份｜1995年后酒质稳定，具有相当的水准。
出口价格｜€25～€30
储存潜力｜10～20年
价　　格｜尚在合理范围内，可以尝试，产量也不多。
整体评价｜★★

Map P.252 **41**

拉克洛特酒庄
Château La Clotte

（正标）

　　拉克洛特酒庄的小庄园就座落于圣埃米利永镇区墙外之东南，这算是比较特别的酒庄，为圣埃米利永知名餐厅"Logis de La Cadene"所拥有，全部产量的四分之一皆由餐厅销售，另外四分之三的酒则是经由酒商（Negociant）Jean-Pierre Moueix做独家销售，大部分销到英国及美国，因此亚洲区的消费者较少机会品尝到，如果想品尝，就必须远赴法国，到圣埃米利永的"Logis de La Cadene"餐厅。据说酒质还是很吸引人的，高雅、细致、柔美、带有果香。

基本资料

法定产区	圣埃米利永 Saint-Émilion
分级	特别级 Grand Cru Classe
葡萄园面积	4公顷
葡萄树龄	平均40年
年生产量	1000～1200箱×12瓶
土质	砂石、黏土、石灰石
葡萄品种	80%美乐／15%品丽珠／ 5%赤霞珠
酿造方法	采用波尔多传统方式，采用水泥槽，将各种不同品种葡萄分别储存于橡木桶中12～16个月，每年更换50%的全新橡木桶。
副标	N/A

品尝注解｜中等之酒体，深紫红色泽、成熟之果香味，协调性佳、平顺。

知 名 度｜低

较佳年份｜据说1980年之后至今有几个年份还不错，2005年之后表现较佳。

出口价格｜€20～€30

储存潜力｜15～20年

价　　格｜小庄园生产，虽价格可以接受，但难以购得。

整体评价｜★★

Map P.252 **48**

拉克鲁西尔酒庄

Château La Clusiere

（正标）

　　拉克鲁西尔酒庄是个非常迷人的庄园，座落在圣埃米利永的东南方，面对着知名的一级酒庄柏菲（Pavie）的山坡，与柏菲酒庄相连在一起，也是同一个庄园主人。1997年之前属于Vilette家族，而后Gerand Perse买下酒庄，并投入大量的资金、人力、物力，扩大整建了整个庄园，包括全新的不锈钢发酵桶等，以崭新的面貌呈现。因与柏菲酒庄属于同一主人，因此统一管理，酒质形态也与柏菲类似。

其他相关庄园：

1. Château Pavie Saint-Émilion

（1er Grand Cru Classe）

2. Château Pavie Decesse Saint-Émilion

（Grand Cru Classe）

3. Château Monbousquet Saint-Émilion

（Grand Cru Classe）

4. Château Bellevue Mondotte Saint-Émilion

（Grand Cru）

基本资料

法定产区	圣埃米利永　Saint-Émilion
分级	特别级　Grand Cru Classe
葡萄园面积	2公顷
葡萄树龄	平均45年
年生产量	250～300箱×12瓶
土质	黏土、石灰石
葡萄品种	100%美乐
酿造方法	采用波尔多传统方式，采用不锈钢桶浸渍、发酵，而后转入小橡木桶中储存18～24个月，每年更新100%的全新橡木桶。
副标	N/A

品尝注解｜中高之酒体，深红色泽、丰富、平顺、成熟果香、协调性佳。

知名度｜中

较佳年份｜1997年之前并不太出色，但1995年的品质非常出色，1998年之后较稳定并具一定水准的酒质。

出口价格｜€15～€20

储存潜力｜10～25年

价　格｜产量少，酒质也不错，价格合理，值得一试。

整体评价｜★★

Map P.252 **28**

古斯伯德酒庄
Château La Couspaude

（正标）

古斯伯德酒庄距离圣埃米利永著名的巨石大教堂不到500米，酒庄名称来自中世纪的La Croix Paute，而这十字架仍然矗立在庄园西边入口的地方。Aubert家族拥有此酒庄至今已近百年的时间，现由他的子孙Jean-Claude接管。酒庄曾在1985年重新评鉴时消失在顶级分级酒庄的名单中，但在1996年的评鉴中又恢复了原来的名分。1963年酒庄重建，1985年恒温储存及地下酒窖也全部完成，焕然一新，开启了酒庄的新页，并邀请知名酿酒师Michel Rolland 为顾问，给酒质带来了有别于波尔多的传统风格。

基本资料

法定产区	圣埃米利永　Saint–Émilion
分级	特别级　Grand Cru Classe
葡萄园面积	7公顷
葡萄树龄	平均32年
年生产量	3000箱×12瓶
土质	黏土、石灰石
葡萄品种	70%美乐／30%品丽珠
酿造方法	采用波尔多传统方式酿造，采用小型木桶，再将各种不同葡萄品种分别储存于橡木桶中，每年更换100%的全新橡木桶。
副标	Junior de La Couspaude（不是每年均有生产）

品尝注解│中高之酒体，深艳红色、丰富、柔美、细致、多重果香、平衡协调性佳。

知　名　度│中

较佳年份│1990年之后是新的开始，酒质每年都不断在进步。

出口价格│€25～€35

储存潜力│10～20年

价　　格│历史、酒质都有一定知名度，但是因为冠以知名的酿酒师而能卖到较高价格，还是因生产量少的原因，就不得而知了。

整体评价│★★

Map P.252 ⑤

多米尼克酒庄
Château La Dominique

（正标）

有一位商人在加勒比群岛（Caribbean Island）的多米尼克（Dominique）做生意致富，而为了纪念他自己生命中的功成名就，以及带给他荣耀的幸运地方，因此在17世纪买下此庄园后就将庄园取名为"多米尼克"。酒庄座落在圣埃米利永产区的西北边界，与另一知名产区波美候（Pomerol）为邻，有良好的土质为基础，酒庄一直以来都有着良好的声誉，也酿造出许多优秀年份酒，但似乎不是很稳定与具有持续性。1969年Clement Fayat接手成为庄园的主人，付出时间、金钱、人力去改造葡萄园区及酒窖等设施，将庄园带入了另一个高峰时期，同时也邀请了知名酿酒师Michel Rolland为顾问。

基本资料

法定产区	圣埃米利永　Saint-Émilion
分级	特别级 Grand Cru Classe
葡萄园面积	23公顷
葡萄树龄	平均30年
年生产量	5000箱×12瓶
土质	25%深层砂砾土／70%古老砂土及黏土、砂砾石
葡萄品种	70%美乐／20%品丽珠／ 10%赤霞珠
酿造方法	采用波尔多传统方式，采用小型的不锈钢桶浸渍、发酵， 再将各种不同葡萄品种分别储存于橡木桶中15～18个月， 每年更换50%～70%的全新橡木桶。
副标	Saint Paul de Dominique

品尝注解	中高之酒体，深暗红色泽、饱满、丰富、果香佳、橡木桶熏香、适中丹宁、结构体佳。
知名度	中高
较佳年份	1980年以后的年份基本上维持相当稳定的高品质。
出口价格	€17～€30
储存潜力	15～25年
价格	历史、知名度、酒质均不错，不同年份价格落差稍大些，但也不算太高，可以尝试。
整体评价	★★☆

Map P.252 (52)

嘉芙丽酒庄
Château La Gaffelière

（正标）

历史相当久远的庄园，从记载中可以得到印证，在高卢罗马（Gallo-Roman）时期，就已经存在了。法国国家科学研究中心（Centre National de Recherche Scientifique）从酒庄4世纪建筑物各房间中的彩色马赛克，可以证明当年先民的酿酒才能。Malet de Roquefort家族拥有及经营嘉芙丽已超过四个世纪之久，在圣埃米利永产区，比任何一家酒庄拥有更长久的时间。子孙延续着酒庄的光荣与传统，持续发扬酒庄的名声，为了让酒质更迎合现代潮流的趋势，在1996年也请来了知名酿酒师Michel Rolland指导。

基本资料

法定产区	圣埃米利永 Saint-Émilion
分级	一级（B）Premire Grand Cru Classe（B）
葡萄园面积	22公顷
葡萄树龄	平均42年
年生产量	6000箱×12瓶
土质	黏土、石灰土
葡萄品种	80%美乐／10%品丽珠／ 10%赤霞珠
酿造方法	波尔多传统方式，采用大不锈钢桶长时间浸渍， 温度控制、发酵，将不同葡萄品种分别储存于橡 木桶中12个月，每年更换65%的全新橡木桶。
副标	Clos La Gaffeliere

品尝注解	中高酒体，深暗宝石红色泽、丰富饱满、柔顺、黑醋栗香、平衡性佳、余韵悠长。
知 名 度	中高
较佳年份	1982年以后酒质基本上维持一定的水准，但较没有特色，1998年之后达到相当高的品质。
出口价格	€30～€50
储存潜力	15～30年
价　　格	顶级酒庄，历史、知名度、酒质均佳，价格稳定，物有所值，值得一试。
整体评价	★★☆

Map P.252 **36**

塞尔酒庄
Château La Serre

（正标）

　　塞尔酒庄算是小型的庄园，就座落在圣埃米利永镇区东墙外，可说是古老的庄园之一，起源于15世纪的修道院，因此庄园的历史渊源与修道院的遗产密不可分，据说当年修道院成为抢匪持续掠夺的目标，之后迁移到了现址，寻求城墙之庇护。

　　之后转手给了Labayme家族——家族的古罗马人中的La Serre先生在17世纪所留下的建筑，直到今日透过厚城墙，仍然让人感受到它特殊的景观。

　　酒庄现在由D'Afeuille家族经营，Luc d'Afeuille 经由长期的努力、创新与改革，让酒庄成功地在1970年晋升到了Grand Cru Classe的地位。

圣埃米利永产区

基本资料

法定产区	圣埃米利永 Saint-Émilion
分级	特别级 Grand Cru Classe
葡萄园面积	7公顷
葡萄树龄	平均30年
年生产量	3000箱×12瓶
土质	黏土、石灰石
葡萄品种	80%美乐／20%品丽珠
酿造方法	采用波尔多传统方式，采用大木桶及水泥槽浸泡及发酵，将各种不同葡萄品种分别储存于橡木桶中12～18个月，每年更换50%的全新橡木桶。
副标	N/A

品尝注解｜中等酒体，柔美、细致、多重成熟果香、平顺。
知 名 度｜中低
较佳年份｜几乎被人遗忘的庄园，1995年以后酒质均维持一定水准，有几个年份表现不错。
出口价格｜€25～€40
储存潜力｜15～20年
价　　格｜小型庄园生产不多，难以购得，价格稍高些。
整体评价｜★★

Map P.252 **8**

飞卓之塔酒庄
Château La Tour-Figeac

（正标）

　　曾经是另一家一级知名酒庄飞卓（Figeac）的园区，于1879年被分割开来，不到几年的时间，另外两家同名的Latour-Figeac也切分出来，形成了目前的四家飞卓酒庄。酒庄座落在圣埃米利永产区的最西边稍偏北，与另一知名产区波美侯（Pomerol）相邻，有着良好的砂砾石层土。三十多年前，Rettenmaier家族接下了此庄园，致力于重整与革新，包括了园区的生态环境及有机培育等。采用传统的方式搭配现代化的技术酿造，这些年的努力也取得了成效，品质每年都在提升中。

基本资料

法定产区	圣埃米利永　Saint-Émilion
分级	特别级　Grand Cru Classe
葡萄园面积	14.5公顷
葡萄树龄	平均35年
年生产量	5000箱×12瓶
土质	砂砾石／砂石在黏土上层
葡萄品种	60%美乐／40%品丽珠
酿造方法	采用波尔多传统方式酿造，将各种不同葡萄品种分别储存于橡木桶中15个月，每年更换50%～80%的全新橡木桶。
副标	L'Esquiss de La Tour Figeac

品尝注解	中高之酒体，深红色泽、优雅、柔美、丰腴、果香佳、少许紫罗香、平衡协调。
知名度	中
较佳年份	1995年以后的年份才稍展现其顶级酒庄应有的品质。
出口价格	€14～€22
储存潜力	10～20年
价　格	以酒庄之历史、知名度、酒质来论，尚称合理。
整体评价	★★

Map P.252 **16**

美阁酒庄
Château Laniote

（正标）

　　美阁酒庄座落在圣埃米利永北部，是一个小型庄园，在18世纪时是神职人员居住的地方。

　　庄园由圣埃米利永当地的古老葡萄酒商家族Pierre Lacoste逐步建立，并于1816年完成，但当时只有简单的储酒桶及一排葡萄树，是个小庄园而已，而后于1844年扩大到现在的面积。

　　近两百年来酒庄一直维持在同一个家族的手中持续经营，现已承传至第七代的子孙，虽然如此，但每一代均由女性来继承酒庄的事业，因此庄园虽然不大，生产量也不多，但所产的酒质显露了女性特有的坚强与细致兼容并蓄的气质。

基本资料

法定产区	圣埃米利永 Saint-Émilion
分级	特别级 Grand Cru Classe
葡萄园面积	5公顷
葡萄树龄	平均32年
年生产量	2500箱×12瓶
土质	黏土、石灰土
葡萄品种	75%美乐／20%品丽珠／ 5%赤霞珠
酿造方法	采用波尔多传统方式酿造，采用水泥槽浸渍、发酵， 而后将各种不同葡萄品种分别储存于橡木桶中陈年， 每年更换35%～40%的全新橡木桶。
副标	N/A

品尝注解｜N/A
知 名 度｜中低
较佳年份｜据各方评价，酒质坚实，但非常细致，果香佳。
出口价格｜未曾在预购市场看到价格。
储存潜力｜N/A
价　　格｜小型庄园生产不多，买到的机会不多。
整体评价｜N/A

Map P.252 **55**

拉希－杜卡斯酒庄
Château Larcis-Ducasse

（正标）

　　Gratiot家族拥有此庄园超过一百年的时间，酒庄座落在圣埃米利永产区南方的黏土、石灰石土层的斜坡上，因为有多重不同的土质，给葡萄带来了良好的结构体。庄园的逻辑与概念就是顺从自然的法则，让多样化的各种天然因素转化成一种有自己特殊风格的口味。

　　酒庄自己的酿造原则是：在酿造过程中，每个步骤尽量不要有太过头的情形发生，减少葡萄串，浸渍较轻，而橡木桶的陈年储存当然是最重要的关键因素。

基本资料

法定产区	圣埃米利永　Saint-Émilion
分级	特别级　Grand Cru Classe
葡萄园面积	11公顷
葡萄树龄	平均42年
年生产量	4000箱×12瓶
土质	黏土、化石石灰石
葡萄品种	75%美乐／20%品丽珠／5%赤霞珠
酿造方法	采用波尔多传统方式酿造，长时间发酵、温度控制，将不同葡萄品种分别储存于橡木桶中18～20个月，每年更换60%的全新橡木桶。
副标	N/A

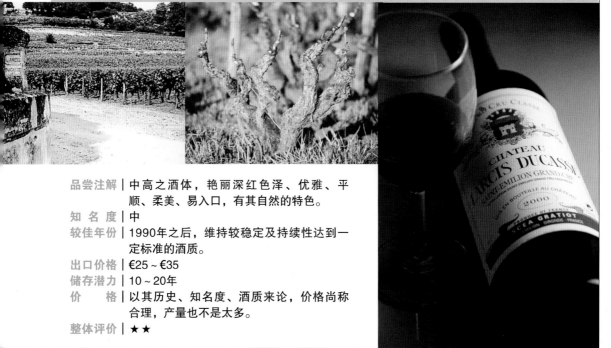

品尝注解｜中高之酒体，艳丽深红色泽、优雅、平顺、柔美、易入口，有其自然的特色。

知名度｜中

较佳年份｜1990年之后，维持较稳定及持续性达到一定标准的酒质。

出口价格｜€25～€35

储存潜力｜10～20年

价　格｜以其历史、知名度、酒质来论，价格尚称合理，产量也不是太多。

整体评价｜★★

Map P.252 **14**

拉曼地酒庄
Château Larmande

Grand Cru Classé

CHATEAU LARMANDE

Saint-Émilion Grand Cru

1996

MIS EN BOUTEILLE AU CHATEAU

（正标）

拉曼地庄园可算是圣埃米利永最古老的庄园之一，城镇档案文件记录着庄园于1585年就已经存在。庄园座落在圣埃米利永镇区北方1公里之处，有着多重复杂的土质，多样化的土质生产出各种不同风味的葡萄，再按各种不同葡萄品种分别酿制而后调和，将给葡萄酒带来更多样化的品质风格。从20世纪就建立起酒庄优良的声誉。1990年，波尔多酒业中知名的Jean Meneret将酒庄的事业推至最高峰，得到许多的赞赏，在多次的盲眼品尝会中，也赢得多个奖项。目前，酒庄已售予La Mondiale保险集团，但委由波尔多大学酿造学毕业的Claire Thomas-Chenard经营管理，全新的现代科技酿造设备酒窖，已于2003年正式启用。

基本资料

法定产区	圣埃米利永　Saint-Émilion
分级	特别级　Grand Cru Classe
葡萄园面积	25公顷
葡萄树龄	平均32年
年生产量	11000箱×12瓶
土质	黏土、石灰石／黏土、矽质土／砂土
葡萄品种	65%美乐／30%品丽珠／ 5%赤霞珠
酿造方法	采用波尔多传统方式，采用大不锈钢桶酿造，将各种不同葡萄品种分别储存于橡木桶中12～18个月，每年更换65%的全新橡木桶及35%的前一年橡木桶。
副标	Le Cadet de Larmande

品尝注解	中高之酒体，暗深红色泽、丰富、饱满、平顺、多重复杂气息、和谐性佳。
知名度	中
较佳年份	1976年以来一直都维持相当稳定及持续性的高水准品质。
出口价格	€12～€18
储存潜力	15～25年
价格	物有所值，在顶级酒庄中，价格实惠，也很稳定。
整体评价	★★☆

Map P.252 **25**

拉罗克酒庄
Château Laroque

（正标）

　　拉罗克酒庄在圣埃米利永产区中，可以算是非常大的庄园。它座落在圣埃米利永东北方的St-Christophe-Des Bardes，拥有特别优秀的土质，58公顷的庄园有28公顷栽种葡萄。建立于12世纪的庄园及古堡，有着悠久的历史；在圣埃米利永产区，可以说是重要庄园之一。1982年新的管理人进入酒庄，大力改革、酒窖重建、园区重植，致力于将酒庄带入更高的层次。这些努力并没有白费，原本被列为"Grand Cru"的庄园，于1996年被评鉴后进入了"Grand Cru Classe"，这也是圣埃米利永第一次破例将外围的庄园列入顶级分级酒庄。

基本资料

法定产区	圣埃米利永 Saint-Émilion
分级	特别级（1996）Grand Cru Classe
葡萄园面积	58公顷
葡萄树龄	平均
年生产量	12000箱×12瓶
土质	高原石灰石、黏土
葡萄品种	85%美乐／10%品丽珠／5%赤霞珠
酿造方法	采用波尔多传统方式酿造，采用水泥槽浸渍、发酵，再将各种不同葡萄品种分别储存于橡木桶中陈年，每年更换40%的全新橡木桶。
副标	Les Tours Ge Laroque

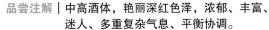

品尝注解｜中高酒体，艳丽深红色泽，浓郁、丰富、迷人、多重复杂气息、平衡协调。

知 名 度｜中

较佳年份｜1990年进入酒庄的新局面，酒质达到相当优质的标准。

出口价格｜N/A

储存潜力｜10～20年

价　　格｜N/A

整体评价｜★★☆

Map P.252 **18**

拉罗兹酒庄

Château Laroze

（正标）

　　迷人的19世纪古堡庄园，据说是当年在其酒质中发现了迷人的玫瑰香气而更名。27公顷的庄园，在圣埃米利永产区，已算是中大型的酒庄，庄园由Georges Qurchy建立于1610年，而后因姻亲关系，其后代孙女与Meslun家族结婚，因此现在酒庄属于Meslun家族，超过四百年的历史。1882年由原先的三个小园区合并为一个庄园，当年的园区约14公顷，40年后扩大到了现在的面积，并于1955年被评为特别级酒庄。

　　从1990年起，酒庄投下相当大的资金重新建造园区、酿酒槽、储酒槽及办公建筑等，呈现出了全新的面貌。庄园不用除草剂及任何化学肥料，已接近有机种植。

基本资料

法定产区	圣埃米利永　Saint-Émilion
分级	特别级　Grand Cru Classe
葡萄园面积	27公顷
葡萄树龄	平均20年
年生产量	7000～8000箱×12瓶
土质	白垩黏土上砂石
葡萄品种	68%美乐／26%品丽珠／ 6%赤霞珠
酿造方法	采用波尔多传统方式酿造，大木桶及水泥槽并用来浸渍及发酵，再将各种不同葡萄品种分别储存于橡木桶中12个月，每年更换50%的全新橡木桶。

副标

品尝注解 | 中高之酒体，亮深红色泽、丰腴、多种果香，容易欣赏。

知 名 度 | 中低

较佳年份 | 1980年以来维持着稳定酒质，其间有几个年份较突出。

出口价格 | €14～€17

储存潜力 | 10～15年

价 　 格 | 以酒庄的历史、知名度、酒质来论，价格在合理范围内。

整体评价 | ★★

Map P.252 **34**

皮欧酒庄
Château Le Prieure

（正标）

　　皮欧酒庄曾经是属于圣方济会（天主教）的庄园，座落在圣埃米利永东边较高的地方，刚好介于另外两家一级酒庄老托特酒庄（Château Trottevieille）与特龙-蒙度酒庄（Troplng-Mondot）之间，庄园主人还拥有另外两家位于波美候（Pomerol）的酒庄。

基本资料

法定产区	圣埃米利永　Saint-Émilion
分级	特别级　Grand Cru Classe
葡萄园面积	6.25公顷
葡萄树龄	平均30年
年生产量	2000～5000箱 × 12瓶
土质	黏土、石灰石
葡萄品种	90%美乐／10%品丽珠
酿造方法	采用波尔多传统方式酿造，采用水泥槽来浸渍及发酵，再将各种不同葡萄品种分别储存于橡木桶中12个月，每年更换30%的全新橡木桶。
副标	Château L'Olivier

品尝注解	中高之酒体，亮深红色泽、平顺、柔美、典雅，容易被接受。
知名度	中低
较佳年份	1980年以来酒质维持稳定，但没有特别突出的表现。
出口价格	€16～€23
储存潜力	10～15年
价格	小型庄园，产量不多，难以购得，价格平实。
整体评价	★★

Map P.252 **42**

大墙酒庄
Château Les Grandes Murailles

（正标）

　　大墙酒庄为小型的酒庄，在1985年评鉴时被除名；1996年重新评鉴时又恢复了"Grand Cru Classe"的身份，酒庄的酒酿造生产及保存，都在原本也被列入顶级分级酒庄的小酒庄Baleau（1985年被除名之后到2006年都未曾再恢复）。与另外两家圣马丁庄园（Clos St-Martin）及Cote de Baleau均同属Raifers 家族所拥有——这两家也是小型的庄园。1998年之后的品质，各方的评价均还不错。

基本资料

法定产区	圣埃米利永　Saint-Émilion
分级	特别级（1996年）Grand Cru Classe
葡萄园面积	2公顷
葡萄树龄	平均30年
年生产量	500箱×12瓶
土质	石灰石上之黏土石灰石
葡萄品种	95%美乐／5%品丽珠
酿造方法	采用波尔多传统方式酿造，采用不锈钢桶浸渍及发酵，而后储存于橡木桶中18个月，每年更换100%的全新橡木桶。
副标	N/A

品尝注解｜酒质浓郁，饱满、丰富、丹宁较高，需陈年。

知名度｜中低

较佳年份｜1980年以来酒质均维持稳定，但没有特别突出的表现。

出口价格｜€20～€36

储存潜力｜20～25年

价格｜生产量极少，不易发现，评价不错，价格适中。

整体评价｜★★

Map P.252 **47** 玛德琳酒庄 Château Magdelaine

（正标）

　　建立于18世纪中期的一级酒庄，马靴型的园区，如梯田般往外延伸，座落在圣埃米利永的南郊，美丽的石灰岩层上，一半是高原，一半是斜坡，与知名一级酒庄贝莱尔毗邻，一直有着良好的声誉，酒庄也是属于知名酒商Jean-Pierre Moueix所拥有，从1952年接手至今。酒庄于最近做了非常重要的更新与维修，包括了地底储酒窖及建筑物的外观，呈现出了相当典型的圣埃米利永风格的庄园特性。

　　近十几年来，在世界各地的酒类评比中，得到了数量可观的奖牌。

基本资料

法定产区	圣埃米利永　Saint-Émilion
分级	一级（B）Premier Grand Cru Classe（B）
葡萄园面积	11公顷
葡萄树龄	平均35年
年生产量	2500～3000箱×12瓶
土质	高原：白垩；山丘：黏土于白垩上
葡萄品种	90%美乐／10%品丽珠
酿造方法	采用波尔多传统方式酿造，浸渍发酵，而后储存于橡木桶中18个月，每年更换40%的全新橡木桶。
副标	N/A

品尝注解｜中高酒体，深宝石红色泽、浓郁、饱满、高雅，多重复杂气息，需陈年后饮用。

知 名 度｜中高

较佳年份｜1980年以来均维持相当高的水准，2000～2009年较杰出，期间有许多表现优良的年份。

出口价格｜€40～€60

储存潜力｜10～25年

价　　格｜价格有些偏高，但以其历史、知名度、酒质表现加上知名酒商的运作，物有所值。

整体评价｜★ ★ ☆

Map P.252 **45**

马特拉斯酒庄
Château Matras

（正标）

　　马特拉斯庄园座落在圣埃米利永的西南郊区，一处四面环绕山丘向阳处的平地上，好似孤立在此处的唯一顶级酒庄，北方是另一家知名的顶级酒庄金钟酒庄（Angelus）。酒庄的酿造、储存均在Mazerat的圣母院教堂内。

　　在中世纪时Matras的法文原意为"圆镞箭"，或为奴弩箭之意。为何酒庄会取这个名称，已无据可考，有可能是当年的士兵在此扎营种植葡萄而命名吧！

　　20世纪60年代Jean Bernard Le Febvre买下此酒庄的时候，几乎是被遗弃及荒废的状况，尔后花了相当长的时间、人力、物力去重建，到今日成为顶级酒庄。目前酒庄交由女儿Veronique Gaboriaud接管。

基本资料

法定产区	圣埃米利永 Saint-Émilion
分级	特别级 Grand Cru Classe
葡萄园面积	8公顷
葡萄树龄	平均35年
年生产量	3000～3500箱×12瓶
土质	砂砾石层土、黏土
葡萄品种	60% 美乐／40%品丽珠
酿造方法	采用波尔多传统方式酿造，将不同葡萄品种分别储存于橡木桶中12个月，每年更换30%的全新橡木桶。
副标	N/A

品尝注解｜N/A

知 名 度｜中低

较佳年份｜据说1985年之后酒质保持稳定的情况，
　　　　　达到一定的水准。

出口价格｜N/A

储存潜力｜10～20年

价　　格｜N/A

整体评价｜N/A

Map P.252 **50**

柏菲酒庄
Château Pavie

1ᵉʳ GRAND CRU CLASSÉ

Château Pavie

SAINT-ÉMILION GRAND CRU

Appellation Saint-Émilion Grand Cru Contrôlée

1998

MIS EN BOUTEILLE AU CHÂTEAU

（正标）

　　有着悠久历史的先人庄园，回溯到4世纪时，当时圣埃米利永区最初栽种的园区应该是在奥松（Ausone）及柏菲（Pavie），但一直到19世纪才真正开始形成庄园的模样。1885年波尔多酒商（Negociant）Ferdinand Boufard买下了前一个主人Talleman的股份及其他隔邻园区，总共约50公顷，成立了新的庄园，并命名为"Pavie"。这个园区还包括了后来分割开的知名酒庄柏菲-德凯斯（Pavie-Decesse）。第一次世界大战后Boufard将庄园出售给Albert Porte，1943年再转手给Vallette家族，1954年被评为分级一级B酒庄，最后终于在1998年，到了现在主人Gerard Perse家族手中。酒庄座落在圣埃米利永产区的南方斜土坡，单一园区有着良好且不同的土质，提供了葡萄多种风格特质，酿造出富有特色的酒质。很少有酒庄能像柏菲一样富有活力与行动力，在接手短短不到十年，便将酒庄带入事业的高峰。

其他相关酒庄：

柏菲-德凯斯酒庄（Château Pavie-Decesse-G.C.C）

蒙布瑟盖酒庄（Château Monbousquet-G.C）

Château Sainte-Colombe

基本资料

法定产区	圣埃米利永 Saint-Émilion
分级	一级（B）Premier Grand Cru Classe（B）
葡萄园面积	37公顷
葡萄树龄	平均45年
年生产量	7000箱×12瓶
土质	砂土、砂砾石、黏土各占1/3
葡萄品种	70%美乐／20%品丽珠／10%赤霞珠
酿造方法	依波尔多传统方式，采用大橡木桶浸渍、发酵，再将各种不同葡萄品种分别储存于橡木桶中24个月，每年更新100%的全新橡木桶。
副标	N/A

品尝注解	高酒体，深宝石红色泽、浓郁、丰富、饱满、橡木桶熏香、结构体相当佳。
知 名 度	中高
较佳年份	从1980年以后的年份，均维持在相当稳定及持续性的高品质。
出口价格	€100～€200，2010年预购价为€225。
储存潜力	15～30年
价　　格	贵为一级B酒庄，历史、知名度、酒质均佳，但价格年年涨，尤其特定年份太高，市场供需很难找到平衡点。
整体评价	★★★☆

Map P.252 **49**

柏菲－德凯斯酒庄
Château Pavie Decesse

（正标）

　　柏菲-德凯斯酒庄的历史与柏菲酒庄是无法分开的，同样也是在4世纪就已存在的庄园，座落在圣埃米利永产区南方的石灰石丘山，原先是属于柏菲酒庄的部分园区，19世纪末，庄园主人决定强化每个园区的自主性及特色，将庄园独立开来。第一次世界大战后，庄园主人Ferdinard Bouffard将庄园出售给Marzelle；同时在1954年评鉴中，被评为分级特别级酒庄。1970年Marzelle去世后，庄园委托隔邻的柏菲庄园主人Valette经营管理，一直到1990年将庄园买下；1997年转手给了现在的庄主Gerard Perse，他是一个相当有行动力的人，给予此酒庄与柏菲一视同仁的照顾。庄园的土质与柏菲有相似之处，在庄主几年的努力下，也造就了柏菲-德凯斯酒庄的高知名度与高品质。

基本资料

法定产区	圣埃米利永 Saint-Émilion
分级	特别级 Grand Cru Classe
葡萄园面积	3.65公顷
葡萄树龄	平均45年
年生产量	1000箱 × 12瓶
土质	黏土、石灰石
葡萄品种	90%美乐／10%品丽珠
酿造方法	采用波尔多传统方式酿造，采用大橡木桶，将各种不同葡萄品种分别储存于橡木桶中，每年更换100%的全新橡木桶。
相关酒庄	柏菲酒庄（Château Pavie）（Ier G.C.C） 蒙布瑟盖酒庄（Château Monbousquet）（G.C.C） Château Sainte-Colombe

品尝注解	高酒体，亮宝石红色泽、丰富、柔美、平顺、协调性佳。
知名度	中高
较佳年份	1998年之前的酒质较平凡，之后却达到相当程度的高品质，2000年进入酒庄之黄金期。
出口价格	€55 ~ €150
储存潜力	15 ~ 25年
价格	与柏菲酒庄齐名，生产量少，市场供需不平衡，价格不低。
整体评价	★★★

Map P.252 **56**

柏菲-马昆酒庄

Château Pavie Macquin

（正标）

　　庄园由Albert Macquin建立于1852年，并给庄园取名为柏菲-马昆（Pavie Macquin），它与另两家知名的柏菲庄园是没有关系的。在欧洲葡萄虱虫害的荒废期间，Macquin是开路先锋，他将欧洲的葡萄树接枝在美国葡萄树的根茎上来抵抗虫害。庄园座落在圣埃米利永产区南方的Pavie边丘山，有着良好的多种土质，这带给葡萄强而浓郁的酒体及丰富的果香，是较具个性的酒质。1995年，Nicolas Thienpoin加入此酒庄，让酒质有了较大的改变与进步，此后的酒质充满了活力与多重复杂的气息，显得较有特色。

　　2006年重新评鉴后，由原来的特别级晋升为一级B。

基本资料

法定产区	圣埃米利永　Saint-Émilion
分级	一级（B）Premier Grand Cru Classe（B）
葡萄园面积	15公顷
葡萄树龄	平均35年
年生产量	5000箱×12瓶
土质	黏土、石灰石／在石灰石上海星石
葡萄品种	80%美乐／18%品丽珠／2%赤霞珠
酿造方法	采用波尔多传统方式酿造，储存于橡木桶中16～18个月，每年更换50%的全新橡木桶。
副标	Les Chenes de Macquin

品尝注解	较高酒体，暗深红色泽、丰富、饱满、浓郁、成熟果香，较高丹宁，协调性佳（需较长时间成熟）。
知名度	中高
较佳年份	1976年之后酒质才有较大的改变，并有长足的进步，达到一定的水准，2000年之后进入酒庄的优质期。
出口价格	€30～€80
储存潜力	15～25年
价格	依照酒庄这些年的努力与进步，加上晋升为一级B，可谓物有所值。
整体评价	★★☆

Map P.252 **7**

黑柏酒庄
Château Ripeau

（正标）

　　距知名的一级酒庄白马（Cheval Blanc）只有几公里路程，庄园的历史记载始于1785年，中间过程并不清楚，1917年由Wilde家族之祖先Marcel et Marie Loubat接手至今，一直由家族在经营。在圣埃米利永产区的东北方，属于砂石土质。

　　1976年由现在的庄园主人Francoise de Wilde接手后，做了许多建设性的改造工程，以及酿酒槽、储酒窖的更新，但这么多年好似没有特别明显的表现，虽然有人认为它是圣埃米利永在东北方砂质地的重要酒庄之一。

　　酒庄所生产的酒，大部分都直接销售给私人客户或法国国内的餐厅，部分给酒商。

基本资料

法定产区	圣埃米利永 Saint-Émilion
分级	特别级 Grand Cru Classe
葡萄园面积	15.5公顷
葡萄树龄	N/A
年生产量	5000～6000箱×12瓶
土质	砂砾石、砂石表层、黏土底层
葡萄品种	60%美乐／30%品丽珠／10%赤霞珠
酿造方法	采用波尔多传统方式酿造，浸渍发酵，将各种不同葡萄品种分别储存于橡木桶中陈年，每年更换35%的全新橡木桶。
副标	N/A

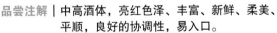

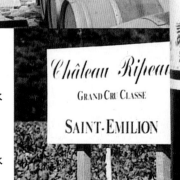

品尝注解｜中高酒体，亮红色泽、丰富、新鲜、柔美、平顺，良好的协调性，易入口。

知 名 度｜中低

较佳年份｜1990年之后，酒质均还稳定，具一定水准，但并没有太特别突出的表现。

出口价格｜€15～€20

储存潜力｜10～20年

价　　格｜虽没有特别的表现，但仍然能维持一定的水准，且价格也平实。

整体评价｜★★

Map P.252 **51**

圣乔治酒庄

Château Saint-Georges
Cote-Pavie

（正标）

　　圣乔治酒庄为小型的庄园之一，座落在圣埃米利永南郊，与另三家同样属于柏菲（Pavie）的庄园相连，左边与另一家知名的一级酒庄加农-嘉芙丽（La Gaffeliere）毗邻，远眺知名的一级酒庄奥松（Ausone）。

　　庄园主人是Jacques Masson，但自2003年起委由Maison Milhade葡萄酒庄园公司接下经营，首先采取的措施是删减每株葡萄树的葡萄串，并且让它们较成熟，较晚采收，尝试其潜力，果然在2004年份的酒中发现较饱满及浓郁的酒质，也受到不少人的肯定。

　　Milhade旗下也有数家不错的庄园。

基本资料

法定产区	圣埃米利永 Saint-Émilion
分级	特别级 Grand Cru Classe
葡萄园面积	5.5公顷
葡萄树龄	平均 30年
年生产量	2000～2500箱×12瓶
土质	黏土、石灰石
葡萄品种	80%美乐／20%品丽珠
酿造方法	采用波尔多传统方式酿造，采用不锈钢桶浸渍、发酵，将各种不同葡萄品种分别储存于橡木桶中 20个月，每年更换35%的全新橡木桶。
副标	Cote Madelaine（视当年采收）

品尝注解	中高之酒体，亮红色泽、丰腴、柔美、平顺，易入口，可在酒体年轻时饮用。
知名度	中低
较佳年份	二十年来均没有太大变化，酒质稳定，维持一定水准。
出口价格	€15～€20
储存潜力	15～20年
价　　格	小庄园，产量不多，不易购得。
整体评价	★★

Map P.252 **19**

苏达酒庄
Château Soutard

Château Soutard
GRAND CRU CLASSE

（正标）

（副标）

　　苏达酒庄是在约罗马时期就已经存在的庄园，座落在圣埃米利永的东北郊处，拥有22公顷的庄园，在圣埃米利永产区算是中型的酒庄。宽大而优美的古堡建筑，建立于18世纪的中期，原本是Soutard家族在夏季居住的别墅，而后却演变为知名的顶级酒庄。现在的主人Des Ligneris家族接手后，致力于酿造可以更久藏及陈年的佳酿。因此，在圣埃米利永产区中，苏达的葡萄酒算是可陈年较长时间。

　　此外，较让人印象深刻的是，庄园主人的理念是坚持用自己的方式酿造出传统及富有个人特色的酒质，而非一味地迎合所谓的葡萄酒酒评书及媒体喜好。

基本资料

法定产区	圣埃米利永 Saint-Émilion
分级	特别级　Grand Cru Classe
葡萄园面积	22公顷
葡萄树龄	平均35年
年生产量	10000箱×12瓶
土质	山丘（16公顷）：石灰石／斜坡（2公顷），黏土 低地（4公顷）：黏土、砂石
葡萄品种	70%美乐／30%品丽珠
酿造方法	采用波尔多传统方式酿造，浸渍、发酵，而后将各种不同葡萄品种分别储存于橡木桶中12～14个月，每年更换35%的全新橡木桶。
副标	Clos de Tonnelle

品尝注解	中高酒体，亮红色泽、浓郁、丰富、果香，长时间陈年后丹宁较柔美，酒质也较细致。
知名度	中
较佳年份	1980年以后，酒质稳定并具有一定水准，其间有几个年份相当优秀。
出口价格	€17～€25
储存潜力	15～25年
价　格	从酒庄的历史、知名度、酒质来论，价格合理，物有所值。
整体评价	★★☆

Map P.252 **40**

特龙—蒙度酒庄

Château Troplong-Mondot

（正标）

　　由Abbe de Seze建于1754年的庄园，原来名称为"Mondot"。1850年，Robet Troplong接手庄园，扩大了庄园面积到目前的大小。Troplong是一位才学兼备者，集法学家、鉴赏家及文学艺术家于一身。1869年Troplong去世后，由他的侄子Edouard接手。19世纪初巴黎的酒商Alexander Valette买下庄园，但 Edouard 在出售酒庄前，就先将庄园名加上家族姓氏，因此酒庄现在的名称是"Troplong-Mondot"。而当时的 Valette 已经拥有了知名的酒庄"Pavie"，目前庄园由 Christine Valette 及其夫婿 Xavier Pariente 接管经营。此酒庄是圣埃米利永产区重要的庄园之一，长期以来的目标就是晋升为一级庄园，事实上它也有足够的潜力与条件。因此，在最近一次的评鉴中，评鉴团队认为其稳定性及持续性达到了一级的标准，也因此让酒庄如愿地晋升为一级酒庄。

基本资料

法定产区	圣埃米利永　Saint-Émilion
分级	一级（B）Premier Grand Cru Classe（B）
葡萄园面积	30公顷
葡萄树龄	平均36年
年生产量	10000箱×12瓶
土质	黏土、石灰石
葡萄品种	90%美乐／5%品丽珠／ 5%赤霞珠
酿造方法	采用波尔多传统方式，采用大橡木桶浸渍、发酵，再将各种不同葡萄品种分别储存于橡木桶中12～24个月，每年更换70%的全新橡木桶及30%的前一年橡木桶。
副标	Mondot

品尝注解	中高酒体，深红色泽、浓郁、丰富、饱满、多重复杂香气、协调性佳。
知名度	中高
较佳年份	1970年到1980年之间有几个年份曾备受好评，1985年之后每年都在进步，已达一级酒庄的水准。
出口价格	€40～€90
储存潜力	15～25年
价格	以酒庄的历史、知名度来论，再加上酒质的提升，价位尚可接受。
整体评价	★★★

Map P.252 **32**

老托特酒庄
Château Trottevieille

（正标）

"Trotte"是个非常有趣的庄园名称，法文意思为"快步走"或"快跑"，与英文的"Trot"意思相同，称为"托派份子"，而"Vieille"法文为"年老"，两个字加在一起为"快步老人"。据说酒庄名称起源于15世纪一名曾经居住在此地的老妇人，而老妇人当年被称为"包打听"，不管发生什么事，皆由老妇人快步取得后告知各方信息，因此而得名。

庄园座落在圣埃米利永东郊，整个庄园被石墙环绕，有着与众不同的特殊地质，30厘米的黏土在石灰岩层高原上，给葡萄酒带来高雅与细致的特质。酒庄由波尔多知名的酒商Casteja家族所拥有，一般人对此酒庄及酒质评价两极化，但事实上之前不是那么稳定，缺少一级酒应有的水准，近些年来一直在进步中。

基本资料

法定产区	圣埃米利永 Saint-Émilion
分级	一级（B） Premier Grand Cru Classe（B）
葡萄园面积	10公顷
葡萄树龄	平均45年
年生产量	2500箱×12瓶
土质	黏土、石灰石岩底土
葡萄品种	55%美乐／40%品丽珠／5%赤霞珠
酿造方法	依波尔多传统方式酿造，采用大水泥槽发酵，将各种不同葡萄品种分别储存于橡木桶中14～18个月，每年更换90%～100%的全新橡木桶。
副标	Le Vieille Dame de Trttevieille

品尝注解	中高酒体，深暗红色泽、丰富、饱满、果香佳、协调性佳。
知名度	中
较佳年份	1995年之前的年份让人感觉失望，一直不太稳定，之后恢复了应有的酒质。
出口价格	N/A
储存潜力	15～25年
价　格	N/A
整体评价	★★☆

附录1

2006～2011年波尔多顶级酒庄预购价格表（单位：欧元/瓶）

梅多克产区 Médoc
上梅多克 Haut Médoc

页码	法文名称	酒庄名称	中国台湾译名	级数	2006年	2007年	2008年	2009年	2010年	2011年
30	Ch.Belgrave	百家富酒庄	贝葛微酒庄	5.G.C.C	15.00				21.00	16.00
32	Ch.Camensac	卡蔓沙酒庄	卡门沙克酒庄	5.G.C.C	11.10	10.80	10.50	14.50	16.80	16.20
34	Ch.Cantemerle	坎特美乐酒庄	康特美乐酒庄	5.G.C.C	14.95	14.50	13.90	19.90	21.00	19.50
36	Ch.La Lagune	拉贡酒庄	拉兰寇酒庄	3.G.C.C	26.40	26.40	23.50	32.95		36.00
38	Ch.La Tour Carnet	拉图-嘉内酒庄	拉图尔·卡内特酒庄	4.G.C.C	17.60	17.00	16.52	19.30		19.80

玛歌 Margaux

页码	法文名称	酒庄名称	中国台湾译名	级数	2006年	2007年	2008年	2009年	2010年	2011年
42	Ch.Boyd-Cantenac	波伊-康蒂酒庄	波依康田酒庄	3.G.C.C	18.90	18.90	18.90	29.50		
44	Ch.Brane-Cantenac	布兰尼-康蒂酒庄	伯纳康田酒庄	2.G.C.C	26.50	22.50	21.50	43.20	54.00	31.20
46	Ch.Cantenac Brown	康蒂-布朗酒庄	康田布朗酒庄	3.G.C.C	43.80	38.00	21.50	35.00	36.20	27.50
48	Ch.Dauzac	杜扎克酒庄	朵沙克酒庄	5.G.C.C	17.40	17.00	17.40	19.00	20.50	
50	Ch.Desmirail	得世美酒庄	迪斯米瑞酒庄	3.G.C.C	14.40	14.20	13.80	17.40	19.00	18.00
52	Ch.d'Issan	迪仙酒庄	迪森酒庄	3.G.C.C	25.00	23.40	21.60	39.60	36.00	32.00
54	Ch.du Tertre	杜黛尔酒庄	德迪酒庄	5.G.C.C	18.20	17.00	15.90	24.50	23.75	20.90
56	Ch.Dufort-Vivens	杜夫-维旺酒庄	杜佛薇恩酒庄	2.G.C.C	18.40	17.50	15.90	24.50	31.80	24.00
58	Ch.Ferriere	费里埃酒庄	费依耶酒庄	3.G.C.C	16.40	16.30	16.00	19.80	22.80	19.60
60	Ch.Giscours	吉事客酒庄	吉斯库酒庄	3.G.C.C	27.50	26.30	21.50	36.50	43.90	29.10
62	Ch.Kirwan	麒麟酒庄	基旺酒庄	3.G.C.C	25.00	23.80	21.50	34.50	36.50	28.50
64	Ch.Lascombes	力士金酒庄	拉斯康伯酒庄	2.G.C.C	40.00	38.00	30.00	60.00	72.00	43.00
66	Ch.Malescot-Saint-Exupéry	玛乐事酒庄	玛勒斯寇酒庄	3.G.C.C	27.50	25.80	22.00	55.00	60.00	33.00
68	Ch.Margaux	玛够酒庄	玛够酒庄	1.G.C.C	325.00	240.0	130.0	530.0	660.0	360.0
70	Ch.Marquis D'Alesme	阿莱斯姆-贝克侯爵酒庄	玛奇达乐酒庄	3.G.C.C	15.90	16.50	15.00	17.00	17.00	21.15
72	Ch.Marquis de Terme	德美侯爵酒庄	玛奇提姆酒庄	4.G.C.C	20.50	20.60	15.80	21.90	25.80	24.60
74	Ch.Palmer	帕尔梅酒庄	帕美酒庄	3.G.C.C	125.0	114.0	88.0	215.0	195.0	162.0
78	Ch.Prieure-Lichine	力仙酒庄	普依丽杏酒庄	4.G.C.C	22.00	21.75	19.00	29.75	37.50	28.00
80	Ch.Rauzan-Gassies	瑚赞-歌仙酒庄	霍颂加西酒庄	2.G.C.C	18.90	18.00	18.00		35.70	27.60
82	Ch.Rauzan-Ségla	瑚赞-塞格拉酒庄	霍颂西拉酒庄	2.G.C.C	41.00	36.00	36.00	60.00	84.00	57.60

波亚克 Pauillac

页码	法文名称	酒庄名称	中国台湾译名	级数	2006年	2007年	2008年	2009年	2010年	2011年
86	Ch.Batailley	芭塔叶酒庄	巴泰利酒庄	5.G.C.C			17.50	23.50		
88	Ch.Clerc Milon	米龙修士酒庄	克雷·米隆酒庄	5.G.C.C	24.00	24.00	22.00	36.00	48.00	36.00
90	Ch.Croizet-Bages	歌碧酒庄	夸杰贝吉酒庄	5.G.C.C	12.35	12.30	12.30	16.70	21.00	20.40
92	Ch.d'Armailhac	达玛雅克酒庄	达玛雅克酒庄	5.G.C.C	20.40	20.40	19.20	27.60	32.40	30.00
94	Ch.Duhart Milon-Rothschild	迪阿-米龙酒庄	杜哈·米隆酒庄	4.G.C.C	24.00	24.00	22.00	38.00	45.00	60.00
96	Ch.Grand Puy-Ducasse	杜卡斯酒庄	斐杜卡斯酒庄	5.G.C.C	17.40	17.10	16.50	22.20	27.60	20.20
98	Ch.Grand Puy-Lacoste	拉寇斯酒庄	斐拉寇斯酒庄	5.G.C.C	33.50	31.90	24.00	48.00	57.60	38.40
102	Ch.Haut-Batailley	奥-芭塔叶酒庄	欧巴泰利酒庄	5.G.C.C	18.90	18.60	17.50	23.50	27.50	22.80
100	Ch.Haut-Bages-Liberal	奥巴里奇酒庄	欧贝吉立贝酒庄	5.G.C.C	17.70	16.50	15.00	24.50	30.00	22.80
104	Ch.Lafite Rothschild	拉斐酒庄	拉菲霍奇酒庄	1.G.C.C	275.0	280.0	130.0	550.0	950.0	420.0

波亚克 Pauillac

页码	法文名称	酒庄名称	中国台湾译名	级数	2006年	2007年	2008年	2009年	2010年	2011年
106	Ch.Latour	拉图酒庄	拉图尔酒庄	1.G.C.C	325.0	250.0	132.0	560.0	850.0	420.0
112	Ch.Mouton Rothschild	木桐酒庄	慕东·霍奇酒庄	1.G.C.C	275.0	245.0	120.0	540.0	695.0	360.0
110	Ch.Lynch-Moussas	浪琴慕莎酒庄	琳喜莫莎酒庄	5.G.C.C	15.90	15.50	14.74	19.50	21.00	20.40
108	Ch.Lynch-Bages	林贝吉酒庄	琳喜贝吉酒庄	5.G.C.C	40.00	40.00	32.00	72.00	100.00	69.00
114	Ch.Pedesclaux	百德诗歌酒庄	佩迪克罗酒庄	5.G.C.C	12.65	12.65	12.00	16.35	21.60	20.50
116	Ch.Pichon-Longueville-Baron	碧尚-拉龙酒庄	碧乡·巴宏酒庄	2.G.C.C	57.00	50.00	43.00	90.00	132.00	72.00
118	Ch.Pichon-Longueville Comtesse-de-Lalande	拉郎德伯爵夫人	碧乡·隆隆酒庄	2.G.C.C	72.00	57.50	39.00	126.00	138.00	72.00
120	Ch.Pontet Canet	庞特-卡内酒庄	朋特卡内酒庄	5.G.C.C	43.00	43.00	43.00	72.00	100.00	69.00

续表

圣爱斯泰夫 Saint–Est è phe

页码	法文名称	酒庄名称	中国台湾译名	级数	2006年	2007年	2008年	2009年	2010年	2011年
124	Ch.Calon-Ségur	卡龙世家酒庄	卡隆西格酒庄	3.G.C.C	32.35	31.05	24.50	39.60	57.60	39.60
126	Ch.Cos d'Estournel	爱士图尔酒庄	寇司·德斯图内酒庄	2.G.C.C	79.50	65.00	65.00	210.0	198.0	108.0
128	Ch.Cos Labory	寇丝-拉博利酒庄	寇斯·拉伯里酒庄	5.G.C.C	16.00	15.50	14.40	22.00	25.00	20.40
130	Ch.Lafon-Rochet	拉芳-罗榭酒庄	拉风霍雪酒庄	4.G.C.C	19.50	19.20	18.60	29.70	29.70	24.50
132	Ch.Montrose	玫瑰山酒庄	蒙托斯酒庄	2.G.C.C	51.00	46.00	42.00	108.0	132.0	72.00

圣于连 Saint Julien

页码	法文名称	酒庄名称	中国台湾译名	级数	2006年	2007年	2008年	2009年	2010年	2011年
136	Ch.Beychevelle	龙船酒庄	贝喜维尔酒庄	4.G.C.C	26.50	25.50	21.50	44.00	54.00	45.50
138	Ch.Branaire Ducru	芭内-杜克酒庄	布朗迪克酒庄	2.G.C.C	30.00	25.40	22.50	43.20	48.00	31.20
140	Ch.Ducru Beaucaillou	宝庄龙酒庄	迪克布凯由酒庄	2.G.C.C	83.00	53.00	62.50	180.0	150.0	75.00
142	Ch.Gruaud Larose	拉露丝酒庄	葛霍·拉罗斯酒庄	2.G.C.C	29.50	29.00	23.50	39.40	45.00	37.00
144	Ch.Lagrange	拉虹酒庄	拉葛隆吉酒庄	3.G.C.C	24.70	23.80	21.60	37.20	37.20	27.60
146	Ch.Langoa-Barton	朗歌巴顿酒庄	隆国亚·巴顿酒庄	3.G.C.C	32.00	27.00	27.00	45.00	58.00	31.20
148	Ch.Leoville- Barton	乐夫巴顿酒庄	雷欧维·巴顿酒庄	2.G.C.C	38.00	34.50	28.00	62.50	70.00	45.00
152	Ch.Leoville-Poyferré	乐夫普勒酒庄	雷欧维·波菲尔酒庄	2.G.C.C	38.40	34.50	26.50	72.00	85.00	51.60
150	Ch.Leoville-Las-Case	雄狮酒庄	雷欧维·拉仕卡仕酒庄	2.G.C.C	125.0	89.0	79.0	216.0	198.0	100.0
154	Ch.St-Pièrre	圣皮埃尔酒庄	圣皮尔酒庄	4.G.C.C	28.80	27.50	24.00	36.00	38.00	33.60
156	Ch.Talbot	大宝酒庄	塔伯酒庄	4.G.C.C	24.00	24.00	20.40	36.00	39.60	26.40

索泰尔讷与巴萨克 Sauternes & Barsac

页码	法文名称	酒庄名称	中国台湾译名	级数	2006年	2007年	2008年	2009年	2010年	2011年
174	Ch.d' Arche	达仕酒庄	达喜酒庄	2.G.C.C	16.50	16.85		16.85	16.85	15.95
164	Ch.Broustet	布鲁斯特酒庄	伯斯特酒庄	2.G.C.C	13.08	14.15		15.00	15.00	13.50
166	Ch.Caillou	嘉佑酒庄	凯由酒庄	2.G.C.C				16.65		18.60
168	Ch.Climens	克里蒙酒庄	克里蒙酒庄	1.G.C.C	54.00	83.00	58.50	72.00	72.00	69.50
172	Ch.Coutet	古岱酒庄	库特酒庄	1.G.C.C	26.40	33.60	30.00	48.00		42.00
180	Ch.Doisy-Daêne	杜希·玳艾酒庄	杜瓦喜达尼酒庄	2.G.C.C	20.10	22.50	22.50	25.20	26.40	26.40
184	Ch.Doisy-Védrines	杜希·维汀酒庄	杜瓦喜维得尼酒庄	2.G.C.C	19.50		18.50	20.00	20.00	20.00
188	Ch.Filhot	飞跃酒店	飞欧酒庄	2.G.C.C	14.00	14.80	14.00	14.80	14.80	14.80
190	Ch.Guiraud	吉豪酒庄	吉霍德酒庄	1.G.C.C	26.25	28.50	26.50	32.00	32.00	30.00

索泰尔讷与巴萨克 Sauternes & Barsac

页码	法文名称	酒庄名称	中国台湾译名	级数	2006年	2007年	2008年	2009年	2010年	2011年
170	Ch.Clos Haut-Peyraguey	上贝哈格酒庄	克罗·欧贝霍吉酒庄	1.G.C.C	22.10	27.00	25.80	29.50	29.50	29.50
194	Ch.Lafaurie-Peyraguey	拉夫·贝哈格酒庄	拉佛依贝霍吉酒庄	1.G.C.C	22.00	26.00	22.50	29.00	29.00	25.00
198	Ch.Lamothe-Guignard	拉慕特·吉雅酒庄	拉姆提·吉娜德酒庄	2.G.C.C	12.80	14.00		14.20	14.20	
176	Ch.de Malle	德·玛治酒庄	德玛勒酒庄	2.G.C.C	20.10	21.00		19.80	19.80	22.60
200	Ch.Myrat	德·密特酒庄	梅哈酒庄	2.G.C.C	17.40	18.00		18.60	18.60	18.60
202	Ch.Nairac	奈哈克酒庄	乃雅克酒庄	2.G.C.C	28.00	37.50	35.00	52.00	33.50	
204	Ch.Rabaud-Promis	哈堡·葡密酒庄	罗保·波蜜酒庄	1.G.C.C		25.20		25.20		
178	Ch.de Rayne-Vigneau	德·罕·维格努酒庄	里尼·维格努酒庄	1G.C.C	19.80	21.00	20.70	27.60	27.60	26.40
206	Ch.Rieussec	莱斯酒庄	里乌沙克酒庄	1G.C.C	37.00	48.00	37.00	54.00	48.00	48.00
208	Ch.Romer-du-Hayot	罗曼·杜海佑酒庄	霍美·都·雅优特酒庄	2G.C.C				11.75		11.40
210	Ch.Sigalas-Rabaud	希戈拉-哈堡酒庄	西格拉·哈波德酒庄	1.G.C.C	22.00	25.75	24.50	30.00	30.00	28.50

续表

212	Ch.Suduiraut	苏德奥酒庄	苏都哈特酒庄	1.G.C.C	36.15	42.00	35.50	54.00	48.50	45.00
192	Ch.La Tour Blanche	白塔酒庄	拉图尔·布朗喜酒庄	1.G.C.C	29.50	32.50		38.00	38.00	34.80
186	Ch.d'Yquem	伊甘酒庄	迪肯酒庄	1.G.C.C	360.0	390.0	160.0	540.0	420.0	

格拉夫产区(红酒) Graves

页码	法文名称	酒庄名称	中国台湾译名	级数	2006年	2007年	2008年	2009年	2010年	2011年
218	Ch.Bouscaut	波诗歌酒庄	布斯考酒庄	.G.C.C	11.60	11.60	11.30			16.00
220	Ch.Carbonnieux	卡伯涅酒庄	卡伯纽酒庄	.G.C.C	16.80	16.50	15.90	18.80		18.50
222	Ch.Couhins	古汉斯酒庄	库英酒庄	.G.C.C				9.60		
226	Ch.de Fieuzal	飞泽酒庄	斐乌珊酒庄	.G.C.C	15.20	15.00		22.80	25.20	21.60
228	Ch.Domaine de Chevalier	骑士庄园	雪华丽酒庄	.G.C.C	25.00	25.00	23.50	45.60	48.00	30.00
230	Ch.Haut-Bailly	奥巴伊酒庄	欧百利酒庄	.G.C.C	36.00	33.00		90.00		54.00
232	Ch.Haut-Brion	奥比昂酒庄	欧碧雍酒庄	1.G.C.C	275.0	240.0	150.0	600.0	660.0	360.0
234	Ch.La Mission Haut-Brion	奥比昂使命酒庄	密逊·欧碧雍酒庄	.G.C.C	330.0	195.0	110.0	540.0		216.0
236	Ch.La Tour Haut-Brion	拉图-奥比昂酒庄	拉图尔·欧碧雍酒庄	.G.C.C		31.20				
238	Ch.La Tour Martillac	拉图-马蒂亚克酒庄	拉图尔·玛提雅克酒庄	.G.C.C	14.30	13.90	13.50	17.90	19.00	17.50
240	Ch.Laville Haut-Brion	拉维-奥比昂酒庄	拉维·欧碧雍酒庄	.G.C.C				18.50		
242	Ch.Malartic-Lagravière	马拉迪-拉卡维酒庄	玛拉提·拉卡维儿酒庄	.G.C.C	21.50	22.50	20.50	36.00	34.80	27.00
244	Ch.Olivier	奥莉维酒庄	奥莉薇酒庄	.G.C.C	14.60	14.10	13.50	16.80	17.80	17.00
246	Ch.Pape-Clément	克莱门教皇酒庄	巴贝·克里蒙酒庄	.G.C.C	83.00	73.80	64.90	92.43	94.80	57.60
248	Ch.Smith Haut Lafitte	史密斯·奥·拉斐酒庄	史密斯·欧·拉菲酒庄	.G.C.C	33.00	32.00	28.00	62.00	62.00	45.00

格拉夫产区(白酒) Graves

页码	法文名称	酒庄名称	中国台湾译名	级数	2006年	2007年	2008年	2009年	2010年	2011年
218	Ch.Bouscaut	波诗歌酒庄	布思考酒庄	.G.C.C	17.00	18.80	18.70			19.50
220	Ch.Carbonnieux	卡伯涅酒庄	卡伯纽酒庄	.G.C.C	18.00	18.90	18.90	19.45		19.45
222	Ch.Couhins	古汉斯酒庄	库英酒庄	.G.C.C				12.50		
226	Ch.de Fieuzal	飞泽酒庄	斐乌珊酒庄	.G.C.C	21.00	26.40		26.40	31.20	31.20
228	Ch.Domaine de Chevalier	骑士庄园	雪华丽酒庄	.G.C.C	44.00	50.00	45.00	60.00	62.50	58.00

格拉夫产区(白酒) Graves

页码	法文名称	酒庄名称	中国台湾译名	级数	2006年	2007年	2008年	2009年	2010年	2011年
232	Ch.Haut-Brion	奥比昂酒庄	欧碧雍酒庄	1.G.C.C	330.0	360.0	240.0	600.0	600.0	360.0
234	Ch.La Mission Haut-Brion	奥比昂使命酒庄	密逊·欧碧雍酒庄	.G.C.C			210.0	540.0	600.0	360.0
236	Ch.La Tour Haut-Brion	拉图-奥比昂酒庄	拉图尔·欧碧雍酒庄	.G.C.C		43.60				
238	Ch.La Tour Martillac	拉图-马蒂亚克酒庄	拉图尔·玛提雅克酒庄	.G.C.C	16.30	17.80	17.80	18.90	19.00	18.90
240	Ch.Laville Haut-Brion	拉维-奥比昂酒庄	拉维·欧碧雍酒庄	.G.C.C			330.0	210.0	235.0	

续表

242	Ch.Malartic-Lagravière	马拉迪-拉卡维酒庄	玛拉提·拉卡维儿酒庄	.G.C.C	28.10	27.50	32.00	45.60	44.40	42.00
244	Ch.Olivier	奥莉维酒庄	奥莉薇酒庄	.G.C.C	13.50	14.60	14.00	17.40	19.00	19.00
246	Ch.Pape-Clément	克莱门教皇酒庄	巴贝·克里蒙酒庄	.G.C.C	106.0	117.0	100.0	94.77	97.20	97.20
248	Ch.Smith Haut Lafitte	史密斯•奥•拉斐酒庄	史密斯•欧•拉菲酒庄	.G.C.C	40.00	43.60	43.00	57.00	59.00	57.50

圣埃米利永产区 Saint Émilion

页码	法文名称	酒庄名称	中国台湾译名	级数	2006年	2007年	2008年	2009年	2010年	2011年
256	Ch.Angelus	金钟酒庄	安琪露酒庄	.G.C.C	124.0	100.0	59.00	210.0	225.0	138.0
258	Ch.Ausone	奥松酒庄	欧颂酒庄	.G.C.C			375.0	700.0	850.0	450.0
260	Ch.Balestard La-Tonnelle	贝莱-杜艾酒庄	巴勒斯塔酒庄	.G.C.C	19.00	19.00	17.90			
262	Ch.Beau-Sejour	宝世珠-杜夫酒庄	布西久酒庄	.G.C.C	32.00	26.40	21.00			50.50
264	Ch.Beau-Sejour Becot	宝世珠-比高酒庄	布西久·贝蔻酒庄	.G.C.C	32.40	26.40	26.40	43.20	48.00	34.80
270	Ch.Berliquet	倍力凯酒庄	贝力克酒庄	.G.C.C	19.50	18.00	16.80		23.00	22.20
272	Ch.Cadet-Bon	美嘉蒂酒庄	卡德彭酒庄	.G.C.C	14.50					18.60
276	Ch.Canon	加农酒庄	卡侬酒庄	.G.C.C	42.00	36.00	36.00	90.00	90.00	62.50
278	Ch.Canon-La-Gaffeliere	加农-嘉芙丽酒庄	卡侬加菲利耶酒庄	.G.C.C	44.40	36.60	31.90		59.00	39.90
280	Ch.Cap de Mourlin	卡蒂-木兰酒庄	开普·墨尔兰酒庄	.G.C.C	16.00	14.95	14.95	20.1	21.90	21.00
282	Ch.Chauvin	肖万酒庄	夏旺酒庄	.G.C.C	16.30	15.50	15.00	20.40		17.75
284	Ch.Cheval Blanc	白马酒庄	雪佛·布朗酒庄	.G.C.C	480.0	375.0	300.0	700	895.0	450.0
286	Ch.Clos de L'Oratoire	洛拉图庄园	克罗斯·罗哈托酒庄	.G.C.C	19.80	17.10	15.95	24.80	28.30	19.90
288	Ch.Clos des Jacobins	雅各宾庄园	克罗斯·贾科拜酒庄	.G.C.C	18.40					18.60
290	Ch.Clos Fourtet	富尔泰酒庄	克罗斯·佛特酒庄	.G.C.C	32.00	29.00	25.80			50.00
292	Clos Saint-Martin	圣马丁酒庄	克罗斯·圣玛丁酒庄	.G.C.C	31.00	28.00	25.00			28.00
294	Ch.Corbin	歌本酒庄	科拜恩酒庄	.G.C.C	13.20	13.00	12.80	16.90		16.80
300	Ch.Dassault	达索酒庄	达梭特酒庄	.G.C.C	17.80	17.40	17.00			19.20
302	Ch.Figeac	飞卓酒庄	菲佳克酒庄	.G.C.C	53.00	49.30	41.00	160.0	168.0	71.00
306	Ch.Fonroque	风霍格酒庄	风霍克酒庄	.G.C.C	13.95	13.95	14.00	18.00	18.00	18.00
308	Ch.Franc-Mayne	弗兰克-梅恩酒庄	佛朗·梅尼酒庄	.G.C.C	18.10	17.00				
310	Ch.Grand-Corbin	大歌本酒庄	葛兰·科拜恩酒庄	.G.C.C				14.60		16.20
312	Ch.Grand Mayne	大梅恩酒庄	葛兰·梅尼酒庄	.G.C.C	20.00	18.20	20.00	26.00	26.00	22.00
314	Ch.Grand-Pontet	大庞特酒庄	葛兰波特酒庄	.G.C.C	16.70		15.15	21.00	21.00	16.50
320	Ch.L'Arrosee	拉萝丝酒庄	拉霍雪酒庄	.G.C.C	26.50	25.50	24.50	29.50	29.50	24.50
322	Ch.La Clotte	拉克洛特酒庄	克洛特酒庄	.G.C.C			18.00	30.00	30.00	24.00
326	Ch.La Couspaude	古斯伯德酒庄	库斯宝德酒庄	.G.C.C	25.50	23.50	21.85	33.00	33.00	29.00
328	Ch.La Dominique	多米尼克酒庄	多明尼克酒庄	.G.C.C	21.00	16.50	16.00	27.60	29.50	22.50
330	Ch.La Gaffeliere	嘉芙丽酒庄	加菲利耶酒莊	.G.C.C	32.00	29.00	29.00	54.00	57.00	36.00

圣埃米利永产区 Saint Émilion

页码	法文名称	酒庄名称	中国台湾译名	级数	2006年	2007年	2008年	2009年	2010年	2011年
332	Ch.La Serre	塞尔酒庄	雪瑞酒庄	.G.C.C	32.00					
334	Ch.La Tour-Figeac	飞卓之塔酒庄	拉图尔·菲佳克酒庄	.G.C.C	17.50				22.00	18.00
338	Ch.Larcis-Ducasse	拉希-杜卡斯酒庄	拉西斯·杜卡仕酒庄	.G.C.C	27.60			36.00		34.20
340	Ch.Larmande	拉曼地酒庄	拉曼德酒庄	.G.C.C	12.90	12.50	12.50	16.20		14.60
344	Ch.Laroze	拉罗兹酒庄	拉霍斯酒庄	.G.C.C	13.95	13.75			16.80	16.20
346	Ch.Le Prieure	皮欧酒庄	普利优酒庄	.G.C.C	15.90	15.90				22.80
348	Ch.Les Grandes Murailles	大墙酒庄	葛隆·慕黑尔酒庄	.G.C.C	24.70		21.30		36.00	29.00
354	Ch.Pavie	柏菲酒庄	帕维酒庄	.G.C.C	165.0		98.00	196.0	225.0	114.0
356	Ch.Pavie Decesse	柏菲-德凯斯酒庄	帕维·迪雪仕酒庄	.G.C.C	108.0					84.00
358	Ch.Pavie Macquin	柏菲-马昆酒庄	帕维·玛肯酒庄	.G.C.C	38.00	38.00	27.00	49.00	78.00	39.60
360	Ch.Ripeau	黑柏酒庄	利普酒庄	.G.C.C	11.90	11.90	11.90	14.90		14.00
362	Ch.Saint-Georges Cote-Pavie	圣乔治酒庄	圣乔治·帕维酒庄	.G.C.C		12.60		19.20		14.50
364	Ch.Soutard	苏达酒庄	娑达酒庄	.G.C.C	17.50	16.40	20.00	24.90	24.90	21.90
366	Ch.Troplong-Mondot	特龙-蒙度酒庄	托佩隆·曼多酒庄	.G.C.C	72.00	42.00	40.00	90.00		

附录2 |

波尔多百年来各年份葡萄酒评论

年份:1900~2009年　　资料来源：Tastet & lawton, Courtiers Assermentes

年份	开始收成日期	产量	品质	评 价
1900	9/24	大量	卓越	本世纪中最优秀的年份。
1901	9/15	大量	平凡	平凡的年份，产量虽多，酒质薄弱，价格不高，但也有一些好酒。
1902	9/27	丰收	差	气候不佳的年份，酒质贫乏。
1903	9/28	丰收	差	气候不佳的年份，酒质贫乏。
1904	9/19	丰收	好	虽然较好的年份，但酒却是让人失望的。
1905	9/18	丰收	中等	虽然不是那么饱满，但高雅，令人愉快。
1906	9/17	1/2收成	好	酒质浓郁、饱满，不错的年份。
1907	9/25	丰收	中等	与1905年份相似。
1908	9/21	中等	平凡	感觉上较为坚实，不够细致，也不迷人。
1909	9/26	中等	平凡	让人失望的一年，不宜久藏。
1910	10/10	1/4收成	差	气候不佳的年份，酒质贫乏。
1911	9/20	中等	好	过热的气候，造成酒太早熟，不易陈年。
1912	9/26	丰收	差	产量丰富，但遭病菌感染，失败的年份。
1913	9/25	丰收	差	产量丰富，但遭病菌感染，失败的年份。
1914	9/20	中等	平凡	让人失望的一年，与1909年相同。
1915	9/22	1/2收成	差	气候不佳的年份，酒质贫乏。
1916	9/26	中等	好	较好的年份，但感觉不够柔美。
1917	9/19	中等	平凡	贫乏的年份，酒体薄弱，但带有芳香气息。
1918	9/24	中等	中等	一般的年份，酒体薄弱，无法令人信服。
1919	9/24	丰收	中等	虽然丰收，但酒质平凡，没有什么特别。
1920	9/22	中等	好	较好的年份，产生出部分优质佳酿。
1921	9/15	中等	杰出	超热的气候，但也酿造出精彩的酒，不过不易久藏。
1922	9/19	大量	平凡	虽然收成良好，酒质也柔美，但却平淡无奇。
1923	10/1	中等	中等	平凡的年份，酒质、酒色、酒香均没什么特色。
1924	9/19	丰收	杰出	丰收的年份，酿造出优秀、杰出、有特色的酒质。
1925	10/3	丰收	平凡	丰收的年份，但却显得乏善可陈。
1926	10/4	1/2收成	杰出	只有一半的采收量，但却酿造出不可思议的珍酿。
1927	9/27	中等	差	非常贫乏的年份。

续表

年份	开始收成日期	产量	品质	评 价
1928	9/25	中等	卓越	收成较平均，但酒质却令人瞩目，相当有活力。
1929	9/26	中等	卓越	世纪的最佳年份，酿造出超级佳酿，令人心仪，索泰尔讷甜酒超好。
1930	10/1	1/2收成	差	较差的年份，只有一半的采收。
1931	9/25	中等	平凡	贫乏的年份，没什么特别。
1932	10/15	1/2收成	差	较差的年份，只有一半的采收。
1933	9/22	中等	中等	一般的年份，酒体薄弱，但带有香气。
1934	9/14	丰收	杰出	丰收的年份，酒质杰出，有些仍然继续留存。
1935	9/30	丰收	平凡	采收丰富，酒质却平凡，没有特色。
1936	10/1,10/4	中等	平凡	平凡的年份，缺少特质。
1937	9/20	中等	杰出	采收一般，酒质杰出，有些仍然藏在酒窖，索泰尔讷甜酒非常优秀。
1938	9/28	中等	中等	平凡的年份，酒质已走下坡。
1939	10/2	大量	中等	丰收的年份，酒质已走下坡。
1940	10/26	中等	好	较好的年份，酒质已走下坡。
1941	10/3	中等	差	较差的年份，乏善可陈。
1942	9/19	中等	中等	平凡的年份，酒质已走下坡。
1943	9/19	中等	杰出	优秀的年份，酿造出部分优秀的珍酿，仍藏于酒窖。
1944	9/27	中等	中等	平凡的年份，酒质已走下坡。
1945	9/13	1/2收成	卓越	只有一半的采收，浓郁与饱满之结构体，非常杰出的年份。
1946	9/30	中等	中等	平凡的年份，酒质已走下坡。
1947	9/19	中等	杰出	优秀的年份，迷人的酒质，现在可以饮用。
1948	9/27,9/30	中等	好	较好的年份，也酿出部分好酒。
1949	9/27	中等	杰出	优秀的年份，仍然可以储存，也可饮用。
1950	9/23	丰收	好	稍好的年份，酒质有些薄弱，但也令人欣赏。
1951	10/9	中等	平凡	较差的年份，乏善可陈。
1952	9/17	中等	杰出	优秀的年份，较高的单宁，需时间去陈酿。
1953	10/1	中等	杰出	优秀的年份，评价相当，丰富、细致、圆润，超棒！

续表

年份	开始收成日期	产量	品质	评　价
1954	10/10	中等	平凡	平凡的年份，酒质已走下坡。
1955	9/29	中等	杰出	优秀的年份，超浓郁的酒体，需时间去成熟。
1956	10/14	1/4收成	平凡	平凡的年份，霜害天灾，只有四分之一的采收量。
1957	10/4	少	中等	一般的年份，气候不佳，非常小的采收量。
1958	10/10	1/2收成	中等	平凡的年份，气候不佳，只有二分之一的采收量。
1959	9/20	1/2收成	卓越	超级旱热气候，只有一半收成，酿造困难，却有杰出表现。
1960	9/15	中等	中等	平凡的年份，酒质已走下坡。
1961	9/22	很少	卓越	采收量非常少，但却出现世纪最优秀的年份。
1962	10/1	丰收	杰出	优秀年份，采收丰富，极佳的品质，非常迷人。
1963	10/7	丰收	平凡	平凡的年份。
1964	9/28	丰收	杰出	优秀的年份，非常不寻常地酿造了杰出的佳酿。
1965	9/30	丰收	平凡	平凡的年份。
1966	9/20	中等	杰出	优秀的年份，典雅、令人迷恋的酒质，可媲美1961年。
1967	9/25	中等	好	稍好的年份，特别是索泰尔讷甜白酒非常优秀。
1968	9/22	中等	平凡	平凡的年份。
1969	9/23	少	中等	平凡的年份，收藏量少，酒质已走下坡。
1970	9/27	大量	杰出	优秀的年份，也丰收，单宁较强，酒体坚实，需时间成熟。
1971	9/27	少	非常好	好的年份，采收量少，高雅、柔美，已到成熟试饮期。
1972	10/9	中等	中等	平凡的年份，酒质已走下坡。
1973	9/24	大量	中等	平凡的年份，酒质已走下坡。
1974	9/26	丰收	中等	平凡的年份，酒质已走下坡。
1975	9/22	中等	杰出	优秀的年份，较强的丹宁，不寻常的年份，酿出珍酿。
1976	9/13	丰收	好	好的年份，采收丰富，快速成熟，索泰尔讷甜酒非常杰出。
1977	10/5	少	中等	平凡的年份，霜害，采收量少。
1978	10/8	中等	杰出	优秀的年份，优质高雅的酒质，已到了成熟适饮期。
1979	10/5	大量	好	好的年份，均衡和谐之协调性。
1980	10/8	中等	好	好的年份，柔美，果香佳，大部分的酒质已走下坡。
1981	9/28	中等	好	好的年份，丰富，柔美，大部分的酒质已走下坡。
1982	9/13	大量	卓越	杰出的年份，采收丰富，华丽、柔美、丰富、细致的杰出佳酿。
1983	9/26	中等	杰出	优秀的年份，已开始展现其高峰期，可饮用。

年份	开始收成日期	产量	品质	评 价
1984	10/1	3/4收成	平凡	平凡的年份，对它失望，不如把它喝了。
1985	9/30	丰收	杰出	优秀的年份，酒质令人瞩目，特别是圣埃米利永产区。
1986	9/26	大量	杰出	优秀的年份，可以久藏的佳酿，特别是梅多克产区。
1987	10/1	中等	好	好的年份，雅致、柔美、果香均佳，已到成熟适饮期。
1988	9/28	大量	杰出	优秀的年份，优雅的气质，需时间去成熟。
1989	9/4	中等	卓越	杰出的年份，炙热的气候，低酸、丰富、含果香，需时间成熟。
1990	9/12	大量	卓越	杰出的年份，炙热的气候，有着无限的潜力，索泰尔讷非常杰出。
1991	9/30	1/2收成	好	好的年份，收成二分之一，霜害，已达适饮期。
1992	9/29	大量	平凡	平凡的年份，采收丰富，已达适饮期。
1993	9/20	大量	好	较好的年份，成熟较快，已达适饮期，也出现一些好酒。
1994	9/16	丰收	非常好	较好的年份，高雅的酒质，格拉夫白酒相当好。
1995	9/18	丰收	杰出	优秀的年份，均衡、和谐、丰富的酒质，可以陈年储存。
1996	9/18	丰收	杰出	优秀的年份，均衡、和谐、丰富的酒质，可以陈年储存。
1997	9/7	丰收	好	好的年份，柔美、高雅、迷人，已达适饮期。
1998	9/23	丰收	非常好	较好的年份，高雅、坚实，需时间陈年，美乐品种更佳。
1999	9/15	丰收	非常好	较好的年份，令人愉悦，酒质迷人，玛歌产区最佳。
2000	9/20	丰收	卓越	世纪的最杰出年份，丰富、浓郁，协调性绝佳。
2001	10/1	丰收	非常好	较好的年份，比1999年份有更佳的结构体，索泰尔讷甜白酒非常杰出。
2002	9/27	多	非常好	较好的年份，强而有力的结构体，特别是梅多克产区。
2003	9/15	丰收	杰出	优秀的年份，炙热的气候，低酸、丰富、含果香，有无限的潜力。
2004	9/27	丰收	非常好	与2002年份非常相似，深沉的酒体，丰富的口感。
2005	9/22	中等	卓越	新世纪的杰出年份，饱满，绝佳的平衡协调性。
2006	9/18	中等	非常好	整体的酒质展现出柔美、丰富、细致，富有吸引力。
2007	9/19-24	中等	好	相当平均的年份，协调性佳，白酒非常杰出。
2008	10/6	中等	杰出	可以与2005年相较的优秀年份，具有非常迷人的气质。
2009	9/25	丰收	杰出	另一个新世纪的特殊年份，相当完整的结构体。

附录3 |

波尔多主要顶级酒庄出口商资料

Major Grand Cru Classe Wine Firms of Bordeaux

ANDRE LURTON
F-33420 GREZILLAC-FRANCE
TEL: 5-57 25 58 58   FAX: 5-57 74 98 59
E-mail: l.belisaire@andrelurton.com

CHEVAL QUANCARD
4, RUE DU CARBOUNEY BP 36-33560
CARBON BLANC BORDEAUX FRANCE
TEL: 5-57 77 88 88   FAX: 5-57 77 88 89
E-mail: chevalquancard@chevalquancard.com

ARNAUD DEWAVRIN
42 RUE DU PUY NOTRE DAME
MESSEME 49260 VAUDELNAY FRANCE
TEL: 2-41 38 20 20   FAX: 2-41 38 16 00

CHRIS WINE INTERNATIONAL
F-33360 LIGNAN DE BORDEAUX
TEL: 5-57 97 19 78   FAX: 5-57 97 17 72
E-mail: anme.bernard@chris-wine.fr

BALLANDE ET MENERET
17 COURS DU MÉDOC
33070 BORDEAUX-FRANCE
TEL: 5-56 29 29 30   FAX: 5-56 29 29 35

C.V.B.G-DOURTHE-KRESSMANN
35 RUE DE BORDEAUX
33290 PARENPUYRE-FRANCE
TEL: 5-56 35 53 00
E-mail: Thomas.percillier@cvbg.com

BARRIERE FRERES
18, RUE LAFONT, LUDON-MÉDOC FRANCE
TEL: 5-57 88 85 92   FAX: 5-57 88 85 90
E-mail: export@barriere-freres.com

DESCAS PERE & FILS
95,QUAI DE BRAZZA
33100 BORDEAUX-FRANCE

BORDEAUX MILLESIMES
42, RUE DE RIVIERE
33082 BORDEAUX CEDEX FRANCE
TEL: 5-56 39 79 80   FAX: 5-56 39 55 73
E-mail: flacoste@bordeaux-millesimes.com

DUBOS FRERS
26,COURS XAVIER-ARNOZAN
33024 BORDEAUX-FRANCE
TEL: 5-56 00 53 65   FAX: 5-56 00 53 68
E-mail: dubosdom.@dubod.com

BORDEAUX TRADITION
RUE EDOUARD FAURE
33083 BORDEAUX-FRANCE
TEL: 5-56 69 25 35   FAX: 5-56 29 25 31
E-mail: eontact@bordeaux-tradition.com

FICOFI
8/10 RUE GUSTAVE HERTZ
33600 PESSAC FRANCE
TEL: 5-57 26 25 61   FAX: 5-57 26 25 69
E-mail: tamaud@ficofi.com

CHÂTEAU CLASSIC
10-44, ROUTE DE LESPARRE
33340 SAINT CHRISTOLY Médoc-FRANCE
TEL: 5-57 73 15 00   FAX: 5-56 41 59 29
E-mail: b.reiss@Châteauclassic.com

GERICOT
30, ALLEES D'ORLEANS
33000 BORDEAU-FRANCE
TEL: 5-56 44 40 44   FAX: 5-56 44 54 00

GRAND VINS DE GIRONDE
BP59, 33451 SAINT-LOUBES
GIRONDE FRANCE
TEL: 5-57 97 07 20   FAX: 5-57 97 07 27
E-mail: X.lauzeral@gvg.fr

LOUIS VIALARD
CISSAC Médoc 33250 PAUILLAC-FRANCE
TEL: 5-56 59 58 39   FAX: 5-56 59 55 67
E-mail: e.hosteins@louis-vialard.com

JEAN-PIERRE MOUEIX
54.QUAI DU PRIOURAT
33500 LIBOURNE-FRANCE

MAHLER-BESSE
49, RUE CAMILLE GOARD
33000 BORDEAUX-FRANCE
TEL: 5-56 56 04 49   FAX: 5-56 56 04 59
E-mail: l.delassus@matler-besse.com

J.J. MORTIER
62, BOULEVARD PIERRE-1eR
33000 BORDEAUX FRANCE
TEL: 5-56 51 13 13   FAX: 5-57 85 92 77
E-mail: rouillard@mortier.com

MAISON HEBRAND
2, RUE DU PORT DE LA FEUILLADE
33121 FRONSAC FRANCE
TEL: 5-57 55 00 66   FAX: 5-57 55 00 67
E-mail: contact@hebrand.com

JOANNE-BOORDEAUX
33370 FARGUES SAINT HILAIRE
TEL: 5-56 68 58 70   FAX: 5-56 78 37 08
E-mail: marie-line.gouaze@joanne-fr

SALIN
8, RUE DESCARTES I.I
33290 BLANQUEFORT-FRANCE
TEL: 5-56 95 28 72   FAX: 5-56 95 24 72
E-mail: christophe-lillet@salin.fr

LA BOISSERAIE SARL
20, RUE MINVIELLE
33000 BORDEAUX-FRANCE
TEL: 5-57 87 09 09
E-mail: david@laboisserdie.com

THE WINE MERCHANT
33370 ARTIGUES PRES
TEL: 5-57 54 39 39   FAX: 5-57 54 39 38
E-mail: trade@the-wine-merchant.com

LA VINTAGE
11, AENUE LEONARD DE VINCI
33600 PESSAC FRANCE
TEL: 5-57 78 10 84   FAX: 5-57 10 40 19
E-mail: mblonvillain@lavintagecompany.com

**VINS RARES
PETER THUSTRUP**
TEL: 5-45 01 46 00
FAX: 1-454 01 46 10
E-mail: www.vins-rares.fr

L.D.VINS
4A 8QUAI DE BRAZZA-33100 BORDEAUX
TEL: 5-57 80 33 00   FAX: 5-57 80 33 08
E-mail: l.bonnet@ldvins.com

YVON MAU
GIRONDE SUR DROPT
33193 LA REOLE CEDEX FRANCE
TEL: 5-56 61 54 54   FAX: 5-56 61 54 61
E-mail: info@ymau.com

附录4 |

波尔多顶级酒庄法文索引

Major Grand Cru Classe Wine Firms of Bordeaux

法 文 名 称	酒庄名称	页码
Château Couhins	古汉斯酒庄	222
Château Coutet	古岱酒庄	172
Château Croizet-Bages	歌碧酒庄	90
Château d'Arche	达仕酒庄	174
Château d'Armailhac	达玛雅克酒庄	92
Château Dassault	达索酒庄	300
Château Dauzac	杜扎克酒庄	48
Château de Camensac	卡蔓沙酒庄	32
Château de Fieuzal	飞泽酒庄	226
Château de Malle	德•玛尔酒庄	176
Château de Rayne-Vigneau	德•罕•维诺酒庄	178
Château Desmirail	得世美酒庄	50
Château D'Issan	迪仙酒庄	52
Château Doisy-Daêne	杜希•玳艾酒庄	180
Château Doisy-Védrines	杜希•维汀酒庄	184
Château Domaine de Chevalier	骑士庄园	228
Château Du Tertre	杜黛尔酒庄	54
Château Ducru Beaucaillou	宝嘉龙酒庄	140
Château Dufort-Vivens	杜夫-维旺酒庄	56
Château Duhart Milon-Rothschild	迪阿-米龙酒庄	94
Château d'Yquem	伊甘酒庄	186
Château Ferriere	费里埃酒庄	58
Château Figeac	飞卓酒庄	302
Château Filhot	飞跃酒店	188
Château Fonroque	风霍格酒庄	306
Château Franc-Mayne	弗兰克-梅恩酒庄	308
Château Giscours	吉事客酒庄	60
Château Grand Mayne	大梅恩酒庄	312
Château Grand Puy-Ducasse	杜卡斯酒庄	96
Château Grand Puy-Lacoste	拉寇斯酒庄	98
Château Grand-Corbin	大歌本酒庄	310
Château Grand-Pontet	大庞特酒庄	314
Château Gruaud Larose	拉露丝酒庄	142
Château Guiraud	吉豪酒庄	190
Château Haut-Bages-Liberal	奥巴里奇酒庄	102
Château Haut-Bailly	奥巴伊酒庄	230
Château Haut-Batailley	奥-芭塔叶酒庄	100
Château Haut-Brion	奥比昂酒庄	232
Château Kirwan	麒麟酒庄	62
Château L'Arrosee	拉萝丝酒庄	320
Château La Clotte	拉克洛特酒庄	322
Château La Couspaude	古斯伯德酒庄	326

续表

续表

法 文 名 称	酒庄名称	页码
Château Marquis D'Alesme	阿莱斯姆-贝克侯爵酒庄	70
Château Marquis de Terme	德美侯爵酒庄	72
Château Montrose	玫瑰山酒庄	132
Château Mouton Rothschild	木桐酒庄	112
Château Myrat	德•密哈酒庄	200
Château Nairac	奈哈克酒庄	202
Château Olivier	奥莉维酒庄	244
Château Palmer	帕尔梅酒庄	74
Château Pape-Clément	克莱门教皇酒庄	246
Château Pavie	柏菲酒庄	354
Château Pavie Decesse	柏菲-德凯斯酒庄	356
Château Pavie Macquin	柏菲-马昆酒庄	358
Château Pedesclaux	百德诗歌酒庄	114
Château Pichon-Longueville Comtesse-de-Lalande	拉郎德伯爵夫人	118
Château Pichon-Longueville-Baron	碧尚-拉龙酒庄	116
Château Pontet Canet	庞特-卡内酒庄	120
Château Prieure-Lichine	力仙酒庄	78
Château Rabaud-Promis	哈堡-葡密酒庄	204
Château Rauzan-Gassies	瑚赞-歌仙酒庄	80
Château Rauzan-Ségla	瑚赞-塞格拉酒庄	82
Château Rieussec	莱斯酒庄	206
Château Ripeau	黑柏酒庄	360
Château Romer-du-Hayot	罗曼•杜海佑酒庄	208
Château Saint-Georges Cote-Pavie	圣乔治酒庄	362
Château Sigalas-Rabaud	希戈拉-哈堡酒庄	210
Château Smith Haut Lafitte	史密斯•奥•拉斐酒庄	248
Château Soutard	苏达酒庄	364
Château St-Pièrre	圣皮埃尔酒庄	154
Château Suduiraut	苏德奥酒庄	212
Château Talbot	大宝酒庄	156
Château Troplong-Mondot	特龙-蒙度酒庄	366
Clos Saint-Martin	圣马丁酒庄	292